纹饰而非

服饰图案设计创新与创业实践

主编 陈霞

副主编 梁曾华 段丙文

中国纺织出版社有限公司

内 容 提 要

本书以专业特色教学为基础，立足于陕西省大学生校外创新创业实践教育基地建设——西安美术学院雅士林实践教育基地项目，详细阐述了项目相关的考察调研、收集资料、梳理传统文化、寻找设计灵感以及与企业合作转化设计产品的整个过程。同时，配以大量的设计案例，从草图到组织设计模拟效果图再到成品，详细介绍了图案在服装服饰中的全新运用。

全书内容丰富，图文并茂，着重图案的设计与应用，书中所有设计均为西安美术学院服装系师生原创，可供服装、服饰专业师生以及设计从业人员、研究者参考使用。

图书在版编目（CIP）数据

纹饰而非：服饰图案设计创新与创业实践 / 陈霞主编 . -- 北京：中国纺织出版社有限公司，2020.12

ISBN 978-7-5180-8114-1

Ⅰ . ①纹⋯ Ⅱ . ①陈⋯ Ⅲ . ①服饰图案 — 图案设计 — 研究 Ⅳ . ① TS941.2

中国版本图书馆 CIP 数据核字（2020）第 209692 号

责任编辑：李春奕　　责任校对：楼旭红　　责任印制：王艳丽

中国纺织出版社有限公司出版发行

地址：北京市朝阳区百子湾东里 A407 号楼　邮政编码：100124

销售电话：010 — 67004422　传真：010 — 87155801

http：//www.c-textilep. com

中国纺织出版社天猫旗舰店

官方微博 http：//weibo.com/2119887771

北京华联印刷有限公司印刷　各地新华书店经销

2020 年 12 月第 1 版第 1 次印刷

开本：889 × 1194　1/16　印张：16.5

字数：280 千字　定价：138.00 元

纹饰而非

服饰图案设计创新与创业实践

主　　编 | 陈　霞
副 主 编 | 梁曾华　段丙文
执行主编 | 潘　璠
参　　编 | 冯　路　刘　娟　郑亚辉　李　遵

PREFACE

前言

陕西省教育厅依照国家关于实施高校创新创业教育的宗旨，积极开展陕西省大学生校外创新创业实践教育基地建设的工作。西安美术学院雅士林实践教育基地项目正是在这样的背景下成立起来的，西安美术学院服装系在本专业特色教学的基础上，立足“本土化”与“国际化”双重视野，紧跟国内外服装与服饰产业发展新趋势，以培养高素质、复合型创新创业人才为宗旨，以服装系陕西省大学生创新创业实践教育基地项目为依托，与浙江雅士林集团建立了校外实习实践合作关系，进一步推动了教学成果的转化，有利于全面培养学生的专业能力与创业能力，真正为实现创业设想和科技成果转化提供平台和服务。

以专业促经济，以创新促企业，为高校人才培养提供新模式，为校企协同育人模式发展探索新方向，这是西安美术学院雅士林实践教育基地成立的目的与宗旨，也是项目建设中始终得以贯彻和坚持的原则。

本书项目为2018年陕西省大学生校外创新创业实践教育基地建设项目，在该书编著过程中得到陕西省教育厅专项资金支持，在此致谢！

陈霞

2020年8月

CONTENTS

目录

项目基地建设背景

Background of project base construction

1.1 创新创业的时代要求

1.1.1 "大众创业、万众创新"的时代背景

随着国际经济形势持续走低，中国工厂长期以"Made in China"的生产加工模式，扮演着世界工厂的"打工者"的角色，处于世界经济产业链条和价值链条的最底端。中国经济要发展，经济结构必须转型升级，如何从制造大国转向创造大国、创新强国，是国民经济发展亟须解决的问题。在这样的时代发展背景下，我国提出了"大众创业、万众创新"的发展战略，以迎接世界经济发展新时期、新阶段的挑战。

经济发展是必然，战略改革是保障。政策的跟进正是形势的需求，"大众创业、万众创新"已经成为这个时代的主旋律。人才培养如何顺应市场发展需求，"培养什么样的人，怎样培养人"成为高校教育改革的方向。

1.1.2 深化教育改革，重视双创人才培养

"创新是一个民族进步的灵魂，是一个国家兴旺发达的不竭动力。"大学生是最具活力和创造力的一批年轻人，是最具潜力的社会价值创造者，是民族发展、国家进步的希望。我国每年大约有七百多万的高校毕业生走向社会，成为"大众创业、万众创新"的主力军。

国家相关政策的积极落实，也为高校开展创新创业教育中的制度创新、方法创新、服务创新与社会实践完美对接打下良好基础。

为了深入贯彻国家政策，鼓励各高校积极开展大学生创新创业教育，陕西省教育厅随后也相继出台相关文件，2018年组织开展陕西省大学生校外创新创业实践教育基地建设工作，全省范围内批准并成立103个基地，旨在通过校外创新创业实践教育基地的建设，推进学校与行业企业、政府、社会协同育人，促进产学研用紧密结合，探索富有特色的创新创业实践教育人才培养体系，切实提升人才培养质量，在全省高校创新创业教育工作中起到引领和示范作用。

西安美术学院雅士林实践教育基地是西安美术学院服装系与浙江雅士林集团合作建设的实践教育基地项目，充分发挥西安美术学院服装系学科专业的理论、审美、效果图绘制、打板、设计等方面的优势，结合企业的设计、生产、销售等市场经验与优势，培养大学生的创新精神、创业意识，积极探索创新教育模式。本项目重视教学的成果转换和社会效能，真正落实人才培养，依据服饰品设计、制作的要求，将流行趋势与国内先进的提花织造技术相结合，进行与中国传统文化相关联的产品研发。通过对陕西民间美术特点的研究，在总结其文化特色的基础上，与现代的服饰设计相结合，从民间美术的色彩、造型、

形式特点上出发，以相关艺术形式为助媒，以“西部文化主体的本土身份，诠释当代服装时尚”的教学理念，坚持“地缘文化＋时尚”的传统文化创新实践培养模式，培养学生对流行时尚的把握能力及相关素质，使其具备服装与服饰创意、设计实践和工艺制作能力，成为具有深厚专业基础、创新精神和艺术修养的专业艺术人才。

1.2 企业发展与行业现状

雅士林集团始创于1991年，现浙江、湖南两地共拥有近20家子公司，产业涉及领带、衬衫、丝线、色织、印染、房地产、农林生态开发等。集团总部位于浙江嵊州，总投资20亿元人民币，占地约177000平方米，集团引进144台世界领先的织机，年产高品质领带1600多万条，衬衫、丝巾等精品服装、服饰500万件以上。雅士林集团旗下有三个主营品牌——“雅士林”“ASILIN”“13579”，其高档领带、真丝面料和衬衫远销日本、东南亚、欧美等20多个国家和地区。其中领带品牌“雅士林”年产10万条，创新花型百余款。雅士林集团成为亚洲大型领带出口厂商之一（图1-1～图1-3）。

雅士林集团曾先后荣获浙江省AAA级重合同守信用单位、全国服装行业利润百强企业、浙江省科技型中小企业、浙江省专利示范企业、浙江省劳动关系和谐企业、职工互助保障工作先进单位、嵊州市工业企业三十强、嵊州市纳税二十强、浙江省AAA级信用企业、嵊州慈善奖等殊荣。雅士林集团的技术中心被认定为绍兴市企业技术中心；雅士林集团作为主要起草单位参与GB/T 23314—2009《领带》标准的制订。以领带、衬衫为主打产品的“雅士林牌”被评为浙江省名牌，桑蚕丝织物获批“产品质量国家免检”。此外，“雅士林”商标被评为“浙江省著名商标”，并于2017年经司法认定为“驰名商标”。

图1-1　雅士林集团领带厂产业园

图1-2 雅士林集团领带厂（刘娟拍摄）

图1-3 雅士林集团领带厂产品展厅（刘娟拍摄）

经过20多年的发展之路，展望未来，雅士林集团将继续以产业报国，以振兴民族工业为己任，立足于国际贸易，全力打造“雅士林”品牌，使公司的运行轨道在渐进的增长中实现跨越式发展。雅士林集团的目标不仅仅是做国内服饰行业的先锋企业，其最终目标是永续经营，使“雅士林”成为一个拥有众多著名品牌、引领世界时尚的代名词。

浙江嵊州的领带生产企业近千余家，年产销售领带2.5亿条，市场占有率达80%以上，是全国首屈一指的领带生产加工基地。嵊州领带以“五分天下有其四”的强大实力而称雄于市场，领带销售遍及全国，并远销美国、日本、比利时、俄罗斯、澳大利亚等八十多个国家和地区。

位于嵊州市中心的中国领带城是全球最大的领带批发市场，被评为三星级文明规范市场、省重点市场和中国商品专业市场竞争力50强，年市场成交额20亿元。市场销售品种主要有：印花领带、领结、领花，真丝、羊毛围巾，以真丝、仿真丝、涤丝等为原料的各类高中低档领带面料、辅料和相关的配套产品等。阿玛尼（Armani）、华伦天奴（Valentino）等国际著名品牌及省市著名领带名牌都落户于此经营销售；全国领带质量检测中心、国际互联网站“中国领带在线”和中国服装协会服饰专业委员会秘书处均设在领带城内；领带城还内设领带批发交易区、领带精品展示展销区和领带博物馆等。嵊州已成为国内外领带批发销售中心、领带精品展示中心、领带信息服务中心、领带研究开发中心和领带质量检测中心，因此也被誉为“中国领带名城”。

1.2.1 企业发展要创新

在全球化的时代潮流中，嵊州的领带产业得到了前所未有的发展，产业链不断升级，产品质量不断优化，在市场中已经占有较大的市场份额，具有较为完善的专业分工，并成为嵊州地区财政收入的重要来源。但是由于产业链、品牌、技术革新能力等方面的发展有欠缺，故嵊州的领带产业仍处于产业集群的初级阶段，如何进一步推动领带行业的转型升级，已是嵊州领带企业家和嵊州市政府迫切需要解决的问题。

目前“上下两游”发展现状局限了嵊州领带产业的发展。“上游被控”体现在对于原材料市场掌控，领带产业对于真丝原材料的年需求量预计达到5000吨以上，而嵊州市生产能力仅为 250吨，原材料基本靠外供，价格一有变动，将直接影响行业效益和产业平稳。“下游被动”是指在领带销售价上缺少话语权，中间商从中获取较大利润，导致生产企业获利薄弱，资本积累缓慢，束缚企业的发展。

就目前来看，我国丝织企业的生产技术较为薄弱，其主要体现在花型设计、面料后期整理两个方面。在行业领域内，意大利的设计有着近二三百年的历史。从领带工艺技术的角度分析，我国与意大利的生产技术不存在差距，但是花型设计与面料后期整理两个环节相对比较薄弱，虽然近年来由几家企业合作建立了专业的、采用国外先进技术的面料后整理公司，但核心技术仍掌握在意大利人的手中，关键环节尚未突破。因此，企业迫切需要通过技术创新进行产品升级。

1.2.2 行业进步需转型

我国的丝织品产业发展中存在这样的现象：有效竞争可以促进技术革新，带动产业优化升级；而过度竞争只会导致低质量产品的出现，最终使该产业崩溃。嵊州的领带产业同样存在类似的情况，由于企业间的技术水平相似，产品的同质化现象严重，最终价格竞争成为其获利手段，为了市场的开拓，往往用压低价格的手段获取市场资源，最终造成产品质量下降，严重影响了行业间的经济效益与发展动力。

嵊州领带企业多以贴牌生产为主，一方面产业集聚出现了企业间的信息传递成本低、信息扩散快的现象，另一方面也加大了企业技术保密工作的难度。例如某一企业投入大量人力、物力研发出的新产品，一经上市行业间就会出现仿制、窃取等不良现象，严重打击企业创新的积极性。另外，嵊州领带产业目前处于先进制造业的发展阶段，制造技术是其行业优势，但缺乏创造与创新的能动性，自主品牌、创新能力及人才的缺乏导致制造的价值只是生产的价值，缺失品牌效益与主动性。

从目前行业的发展现状来看，专业化分工不强，产业内的许多企业大都自己采购产品原材料，企业设备相应齐全，热衷于“小而全”发展思路，不能实现“大而专”社会化服务体系，企业主辅不分离造成集群内协作配套效应得不到发挥，成本难以控制，生产要素的配置不能优化。综上所述，为了丝织产业的良性发展，产业转型已经迫在眉睫。

1.3 校园创新创业实践

1.3.1 教学与实践并驾齐驱

西安美术学院在对大学生的课程安排中，一直贯彻培养大学生的创新精神、创业意识的创新教育理念。西安美术学院服装系具有深厚的学科专业理论，在设计审美、效果图绘制、打板工艺等方面具备优质的教育资源，并且拥有二级实验室供学生将自己的设计转化为实物，服装系二级实验室主体设备有高速平缝机、人台、烫台、裁台、链式双针机、筒式双针机、上海粘合机、日本电脑平缝机、中厚料上下送料平缝机、锁眼机等，能够满足3个自然班（约120名同学）同步实训。服装系在日常教学中重视结合当下企业的生产与第一线销售市场实况，为了学生在毕业后能更好地融入社会企业，缩短与企业的磨合期，服装系在学生培养上重视创新创业方面的能力培养，把培养学生的创新精神和创业意识作为创新创业教育的重要内容和目标，力求为社会培养具有创新意识和创业本领的服装服饰设计人才。

服装系在对学生的教学安排中非常重视教学的成果转换和社会效能，分析当下服饰市场的热点，研究人们对服饰的诉求，依据当下的生产力，将服饰品设计、制作的要求与国内先进的提花织造技术相匹配，结合当下陕西地域文化进行设计实操训练。在陕西这一具有深厚历史文化底蕴的地域，推动学生在日常设计中深入挖掘陕西民间美术与当代艺术形式相结合进行创作，让学生具备判断和掌握流行时尚的能力与设计能力，与此同时，通过设计实践和工艺制作，将想法、设计转化为实物展示，使学生能够熟练掌握形式美法则在构思和创造中的表现。西安美术学院雅士林实践教育基地项目旨在推动探索民族本土文化与现代服饰设计创意之间的关系，拓展民族本土文化在现代设计生活中的传承与发展的可能性，鼓励学生在日常学习中不断开拓民族、民间、传统的设计风格，以此弘扬具有本土文化元素特点的地域服饰。以本项目为契机，在陕西旅游品服装服饰板块的设计研发以及和时代、生活接轨方面做一些专业而有效的探索。

1.3.2 创新与创业辅助成长

西安美术学院服装系侧重对学生三种能力的培养：首先是专业方面的能力，这是实践应用与创业的前提；其次是方法能力，这是实践应用和创业的基础；最后是社会能力，这是实践应用和创业的核心。基地开展创新创业教育，激发学生的学习兴趣，重点是构建能够激发大学生创新创业意识的知识体系，包括创新创业基本理论知识体系和创新创业实践体系两方面。

在创新创业体系的构建中，整合基地优势资源，发挥学校、企业、社会三方面的力量，创新课堂教学方式，加强师生互动交流，教师要针对学生感兴趣的课题进行目标教学，认真听取学生的建议，充分发挥学生的主体作用，提高其自主学习的能力和水平。同时，积极开展创意设计教学，对学生在科技制作、科研项目等方面给予指导，培养学生的创新精神和动脑动手的能力，真正做到学以致用。

2

项目的成立

Establishment of the project

2.1 校企合作的形成

2.1.1 学科建设与发展

西安美术学院服装系成立于2001年，是在1986年工艺系的服装设计专业基础上成立的，拥有以教授、副教授、博士、硕士为主体的教学团队，服装系团结进取，锐意改革，是全国颇有影响力的艺术类服装教学单位，现有教职工23人，硕士研究生21人，本科生402人。

服装系现有服装与服饰设计本科专业和服装专业硕士培养点，依托学院发展与建设规划，深化教育理念，创新教育教学工作思路，以教学和科研为重点，注重人才培养质量、学科建设和科研水平的提高，以培养具备服装与服饰创意设计、传承民族文化和西部地域文化、掌握流行时尚的能力，包括工艺制作、设计实践和创新精神的高素质服装与服饰设计人才为教育目标，形成将传统文化、民族文化与地域民间文化渗入课程体系的教学特色，注重课程的实操性和产、学、研结合，教风、学风端正，为社会培养了大批具有创意性、实用性的专业人才。服装系荣膺“艺术设计国家级特色专业”、陕西省教育委员会“名牌专业”、陕西省教育工会“创新示范岗”、中华全国妇女联合会“巾帼文明岗”、陕西省服装行业协会“校企合作”先进办学单位。

教师在教学成果、科研创作方面成绩卓著。教师出版“十二五”全国艺术类规划本科教材10余部、学术专著3部；在全国各级学术期刊发表论文百余篇；承担国家社会科学基金项目、国家艺术基金项目和教育部重点项目5项，省教育厅、省文化厅、省科技厅等重点科研项目11项。

师生作品在国内外专业展览和设计竞赛中获奖300余项，多件作品入选全国美术作品展览（简称全国美展）。其中，师生9件作品入选第十二届全国美展，并且2件获得进京提名奖，此外获得第三届全国高等院校服装类专业教学成果展示活动暨大学生服装设计大赛银奖。学生获“名瑞杯”中国晚礼服设计大赛铜奖及“最佳效果图”、中国服装设计师协会“绮丽杯”新人奖、第十四届全国纺织品设计大赛暨国际理论研讨会、国际纹织艺术设计大赛金奖，许多毕业生已经成长为社会精英与企业骨干。

2.1.2 校企平台及成效

雅士林集团总部位于浙江省嵊州市，现有打线设备100台，倍捻设备27台，进口电脑织机144台，篱笆机30台，电脑车缝机300台，其他配套设备多台，员工1500余人，其中设计人员78人。雅士林集团总部设有2个创意设计中心、1个创意转化中心、5个纺织流程实践中心，集团拥有较强大的设计团队，对市场具有敏锐的洞察力，并有独立的设计师工作空间；集团可提供生产实习、毕业实习等。雅士林集团设施设备齐全，从纺织业源头的纺丝开始到印染、织造过程、成品制作程序等，可以满足一条龙全方位实训教学，提供近百万个花稿实样供学生鉴赏学习，启发创新思维。

西安美术学院服装系与浙江雅士林集团有着多年的合作经验，在之前的合作教学过程中，一方面在企业完成了每年常规的实践考察课程，让学生较为深入地观摩学习企业的生产流水线以及企业营销的门店，一定程度地了解设计与企业生产之间的密切关系，另一方面，通过与企业的联合教学，积极鼓励学生参加大赛，进行产品转化。

西安美术学院服装系与浙江雅士林集团建立校企平台近三年的时间里，取得显著成绩，如：2015年，获得“濮院毛衫杯”中国毛针织服装文化创意设计大赛最具商业价值奖和金奖，第四届“石狮杯”全国高校毕业生服装设计大赛优秀奖，首届“北城杯”全国创意产品设计大赛银奖1项、优秀奖与入围奖多项；2016年，获得“中国轻纺城杯”中国国际时装创意设计大赛银奖，全国应用型人才综合技能大赛·青春中国梦·服装创意设计大赛二等奖2项、三等奖3项，“九牧王杯”第21届中国时装设计新人奖优秀奖多项，第十六届全国纺织品设计大赛暨国际理论研讨会银奖1项、优秀奖4项；2017年，获得第六届“石狮杯”全国高校毕业生服装设计大赛优秀奖1项，第十七届全国纺织品设计大赛暨国际理论研讨会优秀奖5项，第三届“中国创意”产品设计大赛暨陕西历史博物馆文创产品设计大赛优秀奖3项、1人入围中国年轻设计师创业大赛“优秀设计师百强选手”。以上学生获得的各类奖项都是在服装系工艺实验室制作完成的。

2.1.3 基地成立与建设

西安美术学院服装系为了加强专业技术建设、提高专业软实力，积极开展校企合作办学，在2016年与浙江雅士林集团进一步加强了合作，挂牌成立了专业学科校外实习实践教学基地（图2-1）。

图2-1 西安美术学院服装系领导（右）与雅士林集团代表（左）签约（王璐昕拍摄）

2017年10月11日，为期两天的陕西省首届高校科技成果展和第三届研究生创新成果展暨校企对接洽谈会在西安开幕。西安美术学院服装系也参加了此次的成果展，展出了学校与浙江雅士林集团进行校企合作的系列丝巾、领带等相关产品，服装系学生参与设计研发的丝巾、领带等产品以陕西地缘文化为灵感，以其独特的时尚理念、浓厚的人文气息受到社会的强烈关注。

2018年，西安美术学院服装系为了进一步加强与企业的合作，系领导到浙江雅士林集团进行基地建设前期考察，对企业生产各环节、企业发展概况深入了解，并通过与企业领导会谈，就校内学科专业教学成果转化与市场研发等具体事项进行讨论，以陕西省高等学校大学生校外创新创业实践教育基地项目申请为契机，达成基地建设共识（图2-1～图2-9）。

图2-2　西安美术学院服装系领导参观织造车间（王璐昕拍摄）

图2-3　西安美术学院服装系领导参观工人使用领带熨烫机（王璐昕拍摄）

图2-4　西安美术学院服装系领导参观领带缝制车间（王璐昕拍摄）

图2-5　西安美术学院服装系领导参观成品车间（王璐昕拍摄）

图2-6　西安美术学院服装系领导（右二）与领带协会会长王向明（右一）、浙江雅士林集团副总经理范飞娜（左一）交谈（王璐昕拍摄）

图2-7　西安美术学院服装系领导与雅士林集团高层座谈（王璐昕拍摄）

图2-8　西安美术学院服装系领导（左二）与领带协会会长王向明（左一）、浙江雅士林集团副总经理范飞娜（右一）合照（王璐昕拍摄）

基地建设项目旨在推动课程的专业教学成果转化，力求实现效益，锻炼学生的社会实践能力，将企业运作模式融入课程教学中，积极探索项目型合作教学模式。同时鼓励现有教师积极参与项目建设，提高教师对市场与设计趋势的把握，更好地在教学活动中有的放矢，让学生理解设计的社会意义和市场价值。

2018年5月，西安美术学院雅士林实践教育基地获批，项目小组成立，具体工作安排如下：

项目负责人：陈霞（负责整体项目的规划、与企业的对接等工作）。

校企合作平台建设负责人：王向明、梁曾华。

学科建设组（产品研发组）：

组长：梁曾华。

组员：段丙文、潘璠、周婷、贾未名、孙思杨、冯路、王轶群。

参与人员：研究生及项目课程的本科生。

课程：包括图案、社会实践考察、首饰设计等。

工作：成立研发中心，配合企业完成新产品研发；完善教学体系，完成服装与服饰产品的设计研发工作。

书籍组：

组长：潘璠。

组员：冯路、刘娟、郑亚辉、李遵。

工作：负责书籍的组稿、文字撰写、招标、前期的编辑校对等工作。

宣传组：

组长：汪兴庆。

组员：秦瑜、张莹、王璐昕。

工作：后期的包装盒印制、产品拍摄以及宣传册、海报等的设计、制作、招贴、网络及微信推送等。

展览组：

组长：段丙文。

组员：贾未名、秦瑜、彭鑫。

工作：对本次项目所获得的成果及研发产品举办展览、宣传、推广。

2018年4月，西安美术学院校领导与项目组负责人一行到浙江雅士林集团举行挂牌仪式，西安美术学院雅士林教育实践基地正式成立。双方领导表示，将通过陕西省高等学校大学生校外创新创业实践教育基地建设的政策实施，积极打造西安美术学院雅士林实践教育基地，拓展实训基地功能，着实提高校企合作的水平，以专业研究促进企业发展，以企业技术指导辅助专业教学，互利互惠，优势互补，共同推动高校创新创业实践教育基地的建设。

2.2 合作与保障

2.2.1 合作方式

西安美术学院与企业签订共建大学生创业（就业）实训基地合作协议，通过协议的方式，保障企业与学院双方的利益和应尽的职责、义务。

（1）联合培养，聘请产业一线著名设计师加入创新实践课程，同时鼓励教师参加企业每年的流行方案预测，加强教师对市场的敏锐度，在教学一线中做到有的放矢，同时提升教师的社会影响力和个人专业水平，真正让学生理解设计的真谛。

（2）企业项目与学院课堂教学相结合，一方面将企业每年的流行趋势分析纳入课堂教学之中，使学生通过对服装品牌、企业的调研进行以服装面料为核心的针对性设计，积极与企业的设计师进行沟通，然后预测本年度流行时尚趋势，另一方面企业设计师将学生优秀设计方案进行优化，遴选部分设计方案作为本年度产品的前期先导方案，或直接提交市场研发部门，以便进行产品研发工作。

2.2.2 建设基础

2.2.2.1 合作主旨

在建立合作关系时，通过签订协议，明确双方合作关系条例，也进一步明确合作主旨。

（1）依托校内各专业实践教育基地，进行专业技能训练；浙江雅士林集团为西安美术学院服装系提供专业实习实践场所，提升学生的专业技能和水平，为创新创业打下坚实的基础。

（2）依托校外行业、企业资源，培养学生职业素质和能力；提高学生创业素质及专业技能，融创业教育于第二课堂，既拓宽大学生的视野，提升综合素质和能力，又有效推动大学生创新创业教育。

（3）依托服装系现有的科研、工作室平台，结合企业实训基地，鼓励学生参与教师的科研项目，同时积极鼓励学生申报大学生创新创业项目、发表专业学术论文等，为学生进行创新创业项目调研、策划、行业评估等提供便利，从而培养大学生的创新思维和能力。

（4）依托西安美术学院文创中心，为实现创业设想和科技成果转化提供平台和服务，鼓励和扶持学生完成创业孵化，减少创业经验的积累时间，学生毕业后有创业意向可直接创业；促进教学环节与创新创业实践教育的完美结合，促进研究成果向实际应用转化，为更好地开展高校实践基地建设做出有益的探索。

2.2.2.2 配套政策

西安美术学院历来注重培养创新性人才，鼓励在校大学生参加社会实践，扶持毕业生创业项目。在建立合作关系时，校方提出以下几点作为对该项目的支持与保障。

（1）西安美术学院服装系负责组织以学生为主体的创业实训小组，参加嵊州领带行业协会制定的企业实训活动。校方有义务发挥学生的智力优势，为企业提供时尚的、优秀的设计产品并向企业推荐优秀毕业生。

（2）西安美术学院根据大学生创新创业项目每年的预算，给予一定的经费保障。每年为实习的教师及学生提供部分实训经费，包括住宿费、往返车票及实训所需的材料费等。

（3）西安美术学院为参与项目的学生提供部分经费并积极与企业协调，充分利用企业能够为学生提供的实践场地、材料及技术支持，减少学生的费用投入，保障学生能够顺利完成项目课程的要求与任务。

（4）西安美术学院拥有丰富经验的师资团队，西安美术学院服装系参与创新创业实践教育基地建设的教师有16位（含辅导员），师资梯队包括教授3名、副教授8名、讲师3名、助教1名。师资团队结构合理，具有较强的理论及实操能力，能够根据企业的实践安排协调指导教师，保障学生在实践过程之中与企业的沟通。

（5）西安美术学院为参与项目的学生提供法律、政策、税务等各种咨询服务。

（6）西安美术学院为参与项目的学生提供所在企业的基本信息，供学生在参与项目时能够针对企业的预期要求进行市场调研和后期设计。

（7）通过与企业签订协议，保障企业与学生的合法权益。

2.3 项目合作开展计划与培养目标

2.3.1 项目开展计划

西安美术学院雅士林实践教育基地项目建设为期2年，从2018～2020年，分两个阶段进行。

2.3.1.1 项目第一阶段

2018~2019年，进一步完善与浙江雅士利集团的合作，将创新创业实践教育基地建设落实到具体的、相对固定的、具有一定规模和影响力的分公司或营销网点。具体计划如下：

2018年6~8月，与企业对接考察、挂牌工作，并落实相关的合作事宜及各自负责的工作，完善实训基地的规章制度、合作范畴等。

2018年9~10月中旬，西安美术学院雅士林实践教育基地项目导入前期课程——图案。

2018年10月下旬~12月，学生进入企业实习，通过在企业的实训，让学生了解生产工艺流程，学习企业设计部与生产部之间的相互协调，并进入生产一线实际操作，了解织造过程与成品制作程序，包括纺纱、印染、定位裁、车缝、熨烫、手工缝等多个环节，真正做到以企业课堂为平台，引导学生独立思考，自主探索和设计，培养学生的创新精神，提高其职业技能与创新创业能力。

2.3.1.2 项目第二阶段

2019~2020年，扩大与浙江雅士利集团合作的实践教育基地的规模，一方面，尽可能多地安排学生深入企业一线生产车间，直接与实际生产挂钩；另一方面，要求带队老师及学生多设计、制作符合企业文化、市场需求的好产品，真正做到学校、企业和学生三方共赢的局面。具体计划如下：

2019年1~5月，完成部分设计方案并将其转化为实物，按照生产线进行面料织造与实物制作，优化其余方案，第一期建设目标完成，校企合作基本架构体系形成。

2019年6~10月，产品研发、制作全部完成。

2019年11~12月，进行产品的后期包装、展览以及宣传。

2020年1~6月，扩大产品的宣传力度，通过网络、杂志、微信以及实体店销售等渠道加大宣传力度，让更多的受众知道、了解以陕西地域文化为灵感元素设计制作的服装与服饰产品。

2.3.2 项目培养目标

项目着重培养大学生的创新精神、创业意识，充分发挥西安美术学院服装系学科专业方面的优势，结合企业的实战优势，为学生参与创新实践、将来更好走向社会奠定坚实的基础。

西安美术学院服装系把培养学生的创新精神和创业意识作为创新创业教育的重要内容和目标，全力为社会培养具有创新意识和创业本领的服装与服饰设计人才。

项目考察与调研分析

Project investigation and analysis

3.1 丝绸文化考察

3.1.1 项目考察

丝绸是我国古代特有的产物，世界上大部分的家蚕丝绸的考古发掘都在中国。为了使学生加深对中国丝绸文化及丝织品发展历史的了解，更好地在项目课程中完成设计，2018年10月21日，西安美术学院梁曾华老师带领2016级图案班的本科生和两名研究生，来到了位于杭州西子湖畔玉皇山下的中国丝绸博物馆进行参观学习。这里不仅是国家一级博物馆、中国最大的纺织服装类专业博物馆，也是全世界最大的丝绸专业博物馆（图3-1）。2018年9月，梁老师带领图案班的同学们来到陕西历史博物馆（西安）考察（图3-2）和宝鸡青铜器博物院进行考察（图3-3、图3-4）。了解丰富的馆藏文物与历史文化知识，以便为后期的图案设计积累充足的素材。

图3-1　图案班师生在中国丝绸博物馆

图3-2　图案班师生在陕西历史博物馆

图3-3　图案班师生在宝鸡青铜器博物院

图3-4　图案班师生参观宝鸡青铜器博物院

2019年4月，项目书籍组的成员们在图案班的考察基础上，先后到河南博物院、南京博物院、南京云锦博物馆、嵊州雅士林集团领带厂、中国丝绸博物馆、湖北省博物馆等地进行文字、图像等资料的收集，具体考察行程与考察内容如下：

（1）2019年4月7日，参观河南博物院（图3-5），对雅士林项目书籍中丝绸的历史文化渊源部分进行知识点补充，在河南博物院针对当地的丝织物文化进行梳理，包括对出土最早的丝织物进行图片采集以及文字记载。

图3-5　项目书籍组成员在河南博物院

（2）2019年4月8日，参观南京博物院（图3-6），对史前文明中的养蚕技术、纺织技术、纺织工具等相关的文字、图片进行采集梳理，对历代服饰、纺织工艺、雕塑等文物展览中的服饰丝织品纹样、图案进行采集，梳理丝绸文明对历代服饰文化的影响，对项目书籍中丝绸文化流变部分的撰写进行充实。

图3-6　项目书籍组成员在南京博物院

（3）2019年4月9日，参观南京云锦博物馆（图3-7），详细了解云锦织造工艺、明清云锦精品实物、中国古代丝织文物复制品以及中国少数民族织锦等，对各个知识点进行梳理，对当代丝绸文化的应用范围以及工艺创新等方面进行图片、文字的采集，充实项目书籍中丝绸的当代应用部分。

（4）2019年4月14日，参观中国丝绸博物馆，对历代服饰、丝织物残片等丝绸文化的历史溯源部分进行纹样采集、文字资料收集，对中国提花机发展历史与机器（模型或复原品）进行资料收集与实物拍摄（图3-8）。

图3-7　项目书籍组成员在南京云锦博物馆

图3-8　项目书籍组成员在中国丝绸博物馆

（5）2019年4月16日，参观东华大学纺织服饰博物馆（图3-9），对上海地区的丝绸文化进行文字、图片的采集，对历代朝服、官服等服饰图案、款式进行细节采集，对纺织技术以及早期纺织机进行文字、图片的采集，此外，还观摩了全国青年新锐设计师作品展和中国风格服饰设计展，对项目书籍中当代服饰文化部分的知识点进行梳理。

（6）2019年4月18日，参观湖北省博物馆（图3-10），对楚地丝绸文化与丝织品纹样等进行考察。

图3-9 项目书籍组成员在东华大学纺织服饰博物馆

图3-10 项目书籍组成员在湖北省博物馆

（7）2019年4月，赴位于浙江嵊州的雅士林集团领带厂，进行了为期3天的考察与学习，考察内容包括：提花丝织面料的图案组织设计、丝织领带的生产流程、印花面料生产流程、丝织品相关文创产品展示以及雅士林集团的企业资料等。

3.1.2 古今丝路文明

中国是最早发现与使用蚕丝的国家，大量的考古发现提供了有力的佐证。

1926年山西夏县西阴村的仰韶文化遗址出土了半个蚕茧，经检测，这半个蚕茧距今已有5600~6000年，被认为是中国茧丝绸史上最为重要的实物证据。这半个蚕茧的发现使黄帝及元妃嫘祖“育蚕、取丝、造机杼作衣”等传说得到了实物佐证，更是证明了中国是世界蚕桑的发源地。钱山漾遗址于1956年和1958年出土的绢片、丝带、丝线等一批尚未碳化的丝麻织物，距今已有4200~4400年，是世界上迄今发现的最早的家蚕丝织品。

河南省荥阳青台遗址的瓮棺葬内出土了距今约5500年的纺织物残片。棺内葬一呈蹲坐姿势的婴幼儿，出土时骨骼保存完整，在婴幼儿头骨与肢骨上粘附有灰白色碳化丝织物。

在我国新石器时代遗址中出土了大量的纺轮（图3-11），其中以陶纺轮居多，陶纺轮上有的刻着简单的纹样，还有的绘制着彩色的图案，当纺轮旋转时，这些图案就会产生各种视觉效果，除了美观，还给人神秘的感觉。纺轮是最原始的纺绩工具，也是证明原始纺织业存在的实物。纺轮的形状一般呈扁圆形或扁矮的馒头形，中间穿一孔，直径约0.5~0.6厘米，用料有陶、石、骨之分。

1956年在成都出土了战国时期金属嵌错宴乐、采桑、攻战图像的铜壶，在壶身第一层右面一组为采桑图像，表现了当时广泛种植农桑的生活景象。

图3-11　根据出土纺轮所绘示意图（郑亚辉绘制）

蚕纹象牙杖首饰，于1977年在宁波余姚河姆渡遗址出土，是距今7000年前新石器时代的遗存。其制作精细，外壁雕刻有编织纹和四条两两相对、像是蠕动的虫纹，虫头圆，两眼突出，体屈曲状，其身上的环节数均与家蚕相似，疑似野蚕。

于1984年出土于陕西省石泉县的鎏金铜蚕（图3-12），则是见证古丝绸之路的重要文物，可以说证实了丝绸之路在中外经济文化交流中的纽带作用，充分体现了中国古代养蚕缫丝技术与丝织品贸易在汉代中西贸易交流中的重要地位。

河南三门峡虢国墓地虢仲墓出土的龙蚕形玉是蚕桑神话的最佳考古实证（图3-13）。龙蚕形玉的躯身为蚕，首尾共8个腹节，蚕背上有一立鸟，或为象征太阳的金乌鸟。玉、蚕、龙在中国墓葬文化中发挥的作用有沟通天地、引导墓主或墓主灵魂升天等。这件龙蚕形玉是目前已知的最早代表蚕、龙关系的实物，也是说明中华民族的玉文化、龙文化、蚕桑文化的传播与交融的最佳考古实例。

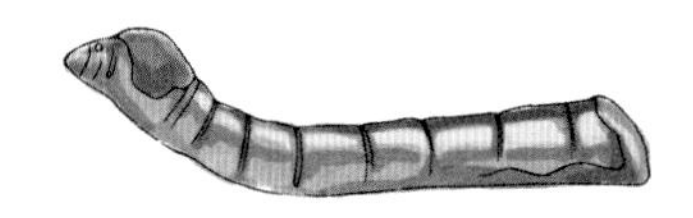

图3-12　鎏金铜蚕（郑亚辉、冯路绘制）

图3-13　龙蚕形玉（郑亚辉、冯路绘制）

3.1.3　新时代的传承

我国是丝绸的发源地，以种桑、养蚕、缫丝、织绸技术闻名于世界，被古希腊、古罗马称为“丝国”。丝绸伴着我们的华夏文明走过几千年，直至现在，仍以独特的质感及色彩散发着特有的韵味，彰显着鲜明且浓郁的文化内涵，在人类的历史长卷中留下了浓厚的一笔。丝绸是古代进行出口贸易的商品，通过伟大的丝绸之路，我国的丝绸产品及其艺术审美在世界各地开始流传，从而推动了东西方文化的交流与融合。

丝绸之路是两汉时期以洛阳、长安为起点，连接东西方文明的陆上贸易和文化交流通道，是由西汉时期张骞从长安出发，联络大月氏人，共同夹击匈奴而开拓的道路，在历史上被称为“凿空之旅”。东汉时期，班超出使西域，他到达了西域后其随从到达了罗马，进行了东西方文明的第一次对话。与此同时，印度僧人沿着丝绸之路到达洛阳，将佛教传入中国，从宗教层面拓展了丝绸之路。后来唐代玄奘通过丝绸之路到印度取经并撰写了《大唐西域记》，进一步扩大了丝绸之路的影响力，最终丝绸之路成为亚欧大陆经济、政治、文化交流的纽带。作为连接亚、非、欧的古代贸易路线分为陆上丝绸之路与海上丝绸之路，最初的用途是将中国的丝绸、茶叶、瓷器等商品出口至西方，因此在19世纪70年代一位德国地理学家将之命名为“丝绸之路”。

如今，随着世界经济的缓慢复苏，各个国家都面临着发展问题，为了顺应时代潮流，满足国家发展需求，我国提出了“一带一路”倡议，这是开启丝绸之路，我国与沿线国家合力打造平等互利、合作共赢的利益共同体、命运共同体及责任共同体的新理念，也是我国发挥地缘政治优势，推进多边跨境贸易、交流合作的重要平台，描绘出一幅贯穿欧亚大陆的新蓝图。

“一带一路”建设为我们提供了一个优质的交流平台，在深入发掘市场、扩大需求的同时，也为我们提供了更加宽泛且深入学习其他国家先进生产经验与管理经验的机会，进一步促进我们的产业升级，使工业化水平进一步提高。

丝绸作为我国对外交流的名片和象征，亦是世界了解我国的一种途径。从野桑蚕的驯化到人工种植桑树，从缫丝、纺线一直到产出成品的丝绸面料，从祭祀的物件再到商品的转变，蚕桑文明的发展历程可以说是我国古老文明发展的一个小型缩影。丝绸之路作为桑蚕文明的产物更是推动了我国古代经济的发展，现如今我国提出的“一带一路”倡议，亦是为了世界经济共荣而做出的努力，中国丝绸未来的发展更是承载了中华民族伟大复兴的历史使命。

3.2 市场考察与分析

设计的目的是为了满足人们的需求，通过将设计转化为产品并投入市场，可以检验产品设计是否成功。对提花丝织物进行图案设计也不例外，老师通过组织学生对国内外市场现有的丝织品品牌进行考察调研，从而引导他们进行更加符合市场需求的设计，这也是本次项目建设的重要目的。

为了让学生更加充分地了解国内面料市场、丝织品品牌在市场中的现状以及发展趋势，2016级图案班开设市场考察课程，课程内容为：（1）省内课程：到西安世纪金花、SKP、金鹰国际购物中心等高档商场，对相关丝织品等服饰品牌进行调研；（2）省外课程：到中国丝绸博物馆文创中心、苏州博物馆文创中心等进行调研；（3）根据调研活动完成调研报告并进行文稿演示。

项目书籍组的成员在2019年4月7日至4月18日期间，先后到南京博物院文创产品销售中心、南京江宁织造丝绸生活馆（图3-14）、南京云锦博物馆文创店（图3-15）、南京晨光1865创意产业园中的男装高级定制工作室——唐人定制（图3-16）、主营奢侈品牌与高端百货的西安SKP商场（图3-17）、武汉万达广场（图3-18、图3-19）、达利国际集团浙江嵊州产品销售部（图3-20）等处进行市场考察。

图3-14　南京江宁织造丝绸生活馆（刘娟拍摄）

图3-15　南京云锦博物馆文创店（刘娟拍摄）

图3-16　南京唐人定制（刘娟拍摄）

图3-17　西安SKP商场（刘娟拍摄）

图3-18　武汉万达广场（刘娟拍摄）

图3-19　武汉万达广场丝巾品牌妩（Woo）店面（刘娟拍摄）

图3-20　达利国际集团浙江嵊州产品销售部（冯路拍摄）

项目书籍组通过市场调研活动，针对当前国内丝织品品牌设计方面存在的问题，对于发展中国特色的丝织品品牌从图案、色彩、组织设计三方面提出建议：

首先，图案创作应突出主题性，比如以地域为特点，围绕其民间传统文化习俗进行主题性设计，使图案的内容更富有趣味性，设计的文化内涵在一定程度上决定着产品的附加值。

其次，将色彩搭配进行系统化，可以从中国传统色彩文化和品牌定位两个方面着手，使产品在色彩上具有品牌识别性。

最后，进行组织设计时，可以在图案色彩变化较少的情况下丰富设计的层次，通过组织设计来增加图案的节奏与层次感。

3.2.1　国外丝绸品牌调研

国外的丝织类产品多样，品牌成熟，市场开拓成功，主要的品牌有爱马仕（Hermès）、博柏利（Burberry）、玛丽亚·古琦（Marja Kurki）、杜嘉班纳（Dolce & Gabbana，简称D&G）、古驰（Gucci）、范思哲（Versace）、路易威登（Louis Vuitton）、香奈儿（Chanel）等，这些著名的服饰奢侈品牌旗下都有专门的丝巾生产线，其中以法国的爱马仕丝巾最负盛名。来自芬兰的玛丽亚·古琦是欧洲专业的领带和丝巾设计品牌，而杜嘉班纳、古驰、范思哲、路易威登、香奈儿等品牌生产丝织品配饰则主要是为了满足其服装搭配所用，并且每款设计在契合品牌文化的同时，都有着独立的表现主题与较强的文化内涵，兼具时尚性和典型性，这使得其品牌产品在很大程度上具有保值性和收藏价值。

在欧洲，丝巾品牌化的发展已经相当成熟。奢侈品品牌以个性、品质、设计、艺术特色等带动世界丝巾发展潮流，较具代表性的有爱马仕、路易威登、古驰等国际一线奢侈品牌，这些原本主做皮具、珠宝的大牌，每年都会推出独具个性风格和品牌特色的丝巾产品。它们凭借精致、高雅和优质，一直是时尚圈里的宠儿，也是各国名流推崇的时尚潮流风向标。

在国外的服饰品牌中，爱马仕丝巾极负盛名。自1937年爱马仕推出第一款丝巾以来，为了保持其自由风格与创造性，爱马仕丝绸部门与来自全世界不同国家和地区的自由设计师们携手创作，有时一款丝巾设计会持续近一年的时间，正是这样的品牌坚持和与优秀设计师的合作模式，使得爱马仕丝巾成为世人梦寐以求的艺术品。在西方文化中，丝巾最主要的用途还是时尚配饰，与高级时装一样，限量版丝巾常作为身份地位的象征。作为时尚配饰，丝巾连接了艺术家与服饰品牌合作的桥梁。丽达（Lida）和兹卡·阿彻尔（Zika Ascher）的“艺术家广场”项目让更多著名艺术家加入丝巾设计中，使得当今艺术家与品牌合作成为丝巾设计的趋势。

对于西方丝巾文化发展而言，爱马仕可谓是时尚品牌典范，在声誉和品质上都达到了巅峰。爱马仕坚持独特的主题性设计理念，使得丝巾不仅仅是服饰品，更增加了其作为艺术品的收藏价值。爱马仕平时一共拥有50名左右的自由设计师为其设计新款丝巾，其目标是每年创造20款新产品。这些设计对爱马仕来说至关重要，公司会把那些图案和色彩零散运用在其成衣、配饰和家具用品上。爱马仕普通丝巾的售价在410美元（约合人民币2517元）左右，大幅丝巾的价格可达其两倍，特别版的价格还会高出更多。爱马仕创造的经典产品被广泛收藏，也成为众多品牌商家追逐学习或模仿的对象。

爱马仕一款丝巾，从设计制作到成品大概需要18个月的时间，制版师要花6个月时间决定每款丝巾的独特色彩，比如米黄色、粉色、石墨黑色等。爱马仕在里昂的丝绸专家卡梅尔·阿玛窦（ Kamel Hamadou）称，每款丝巾平均含有27种色彩。将设计图样雕刻在刻板上以备印制平均耗时750个小时，在完成细致万分的印制流程之后，工匠们会从织物上裁下一方方丝巾，然后用细小的针脚将丝巾手工卷边。每名女缝工每天大约可完成7条丝巾的卷边，具体完成量依丝巾的大小和材质的不同而有所变动，她们不会受到生产配额或时间要求的限制。

爱马仕在丝巾的设计上坚持严谨的态度，对细节非常执着，不太讲求花巧，却力求独具魅力。爱马仕追求至精至美、无可挑剔的设计宗旨，视发扬光大手工艺为己任，追求真我，回归自然，用精湛的传统手工艺创造具有卓越品质的完美产品。

通过对国际品牌调研，分析总结其成功主要有以下两点：

（1）品牌文化内涵。国外品牌（尤其是奢侈品品牌）非常重视自身文化传统的保留和继承，这也是一个品牌在市场竞争中具有的优势与特色；在设计方面有意识地塑造品牌的经典元素（具体元素如图案、色彩；抽象元素如品牌精神），比如博柏利格纹经常在品牌产品线中出现，使用时期长，具有成功的营销策略，好的设计也是成就品牌自身的重要因素。

（2）产品的品质保证。卓越的品质是品牌构建的基础，因此，一定要保持品质的稳定性、持续性和独特性。品牌为客户提供品质卓越的产品，确保产品的功能与价值，使客户对产品产生认同和满足并口口相传，进而成就极具感染力的品牌气质。为了保持卓越的产品属性，国外的奢侈品品牌都有自己一流的实验室和生产线，并选用一流的工程师和设计师来确保超群的产品品质。

3.2.2 国内丝绸品牌调研

我国是丝绸的发源地，丝绸文化在中华传统文化中占据着重要地位。举世闻名的丝绸之路更是见证了我国丝绸贸易的历史演变。作为丝绸的产出大国，我国的丝织品产业在世界上占据着重要地位，但在品牌的创立与发展中却存在短板，时至今日走向国际舞台的中国著名品牌少之又少，我国本土缺乏国际化的时尚大品牌。

就当下的中国市场来看，包含服饰品设计生产的丝绸品牌有凯喜雅、丝绸故事、玫瑰有约、丝界（Sigi）、上海故事、妩、绝代佳人、宝石蝶、瑞蚨祥、万事利等，其中，丝绸故事、丝界、上海故事、绝代佳人、宝石蝶、瑞蚨祥、万事利等品牌侧重于丝巾类产品，玫瑰有约则以女士包为发展主体，而凯喜雅和上久楷丝绸品牌以手包和丝巾为主。

丝绸故事为达利国际集团旗下品牌，集团成立于1978年。丝绸故事的产品设计参考20世纪50年代欧洲新风貌（New Look）时期的造型风格与特色，并坚持贴近自然、简约静谧和生活化的独特设计理念，将东西方的文化特征相互交融糅合，通过生产工艺完美严谨地结合在一起。丝绸故事的设计无时无刻不彰显着中国特色，设计师将中国传统人文特色融入设计中，使作品散发着中国文化底蕴，将高雅典美、舒适实用的特点表现得淋漓尽致。产品的面料健康环保，采用纯蚕丝，达利国际集团在丝绸领域率先研发出了可机洗丝绸、可水洗丝绸以及防水纳米丝绸等精品，既保留了传统的丝绸柔美感，又使丝绸的实际应用得到了改善和发展，面料不仅具有天然的舒适性，又容易清洗，而且还提高了保型性。以内衣为例，达利国际集团旗下的丝绸故事品牌在国内有超过400多平方千米蚕丝生产基地，从源头开始控制蚕丝的品质，采用世界一流的德国进口生产设备纺纱、织布，只生产6A级别以上的桑蚕丝制品。桑蚕丝是纤维中的“皇后”，由与人体相近的蛋白质组成，并富含18种氨基酸，能有效抗菌抑菌，吸湿排湿快，可快速晾干。达利国际集团是爱马仕、香奈儿、华伦天奴等奢侈品品牌的面料供应商，集团除了在面料工艺上把关以外，也在款式方面不断创新。1992年达利国际集团在香港上市，是高新技术企业、国家纺织中心指定的“国家丝绸产品开发基地”，2008年北京奥运会真丝制品指定供应商，2014年IPEC会议面料供应商。同时达利国际集团也是国家丝绸相关检验检测标准的牵头起草单位和参与制定者。

3.2.3　总结与分析

中国作为传统丝绸的产量大国，其丝绸产品长期以来受到世界各国人民喜爱，然而就丝巾类产品而言，虽然在出口外销上有优势，但是却缺少有世界影响力的丝巾品牌。当下丝绸市场已经逐步被西方高端的丝织品品牌所占据，究其原因，主要是中国企业多注重丝织品初级原料产品的出口，而忽略了对丝织品产品的开发和投入。目前，国内丝巾市场呈现高端品牌以丝绸文化领跑业界，而中低端众多小厂家跟随消费者需求的市场发展局面。在中低端的消费市场中，产品缺乏市场和品牌定位，设计的图案纹样欠缺自主创新，往往以廉价的生产成本作为市场竞争的立足之本。以上这些现象表明了本土丝巾品牌的发展仍然不太成熟。

国内高端品牌存在自身的一些缺点，我国作为世界上最古老的丝绸大国，在原料和生产技术上不输于任何国家，却没能树立自己的品牌文化和自信。例如杭州的万事利集团拥有顶级的工厂和技术，采取与欧洲奢侈品牌合作的发展战略，却只能作为国外设计师和品牌的“加工代理商”，无法形成自主品牌的市场竞争力。此外，一些品牌产品缺乏文化内涵。对设计师而言，我国的人文地理、神话传说、历史故事等都是庞大的题材库，本应利用好，很可惜，却鲜有好作品出现。例如一些品牌的传统吉祥图案的丝巾，画面缺乏叙述性，感染力较弱，并且在产品设计中对色彩的使用没能形成系统，要么颜色过于艳丽而适应人群少，要么套用国外大品牌的经典配色而缺乏自我品牌认知度，没能很好地运用中国传统色彩，探索适合中国消费者的色彩模式。另外，产品品质不能一以贯之，在国内很多行业里，管理者常常着眼于短期目标，不能长远地考虑品牌发展，缺乏培育品牌文化的耐心，在生产过程中，往往将成本作为生产的重要指标，不能保证产品的品质及其一致性，从而影响品牌在国际上的信誉。

丝绸作为中国古老文化的象征，不仅传承了东方的内敛与含蓄，还具有极高的文化内涵。在近现代东西方文化的影响下，中国丝织品在向外输出过程中不断适应和吸收不同地域文化的精髓，不断向前发展。当代国内丝织品品牌需以民族自信、文化自信为思想核心，增强中国丝织品文化的竞争力。针对国内丝织品品牌在发展方面存在的问题，提出以下几点建议：

首先，以传承为理念，以创新为灵魂，将传统与时尚有机融合，结合时尚与传统，赋予丝织品更深刻的文化艺术内涵，完善丝织品品牌的整体形象。

其次，着眼于全球，树立品牌意识，提升品牌商业价值，形成由做到创的发展，并在具体的发展中有所取舍，具体可以从战略角度确立丝织品文化在产业中的地位。

再次，注重丝织品文化与产业发展的结合，促进生产力，争取取得良好的经济效应，从而吸引投资进入丝织品产业，如此产生良性发展循环，形成产业和文化双赢局面。

最后，加强广告宣传效应，扩大丝织品文化影响力，重塑知名度。例如中国纺织品行业协会近几年举办的全国丝绸行业优秀品牌评选工作，从全国众多品牌与企业中评选出“十大丝绸品牌”“优秀丝绸商业品牌”“优秀丝绸创新品牌”。

3.3 陕西地域文化考察

图案设计是此项目开展的重点，为了获取丰富的设计素材与灵感来源，2016级图案班的同学们在服装系梁曾华老师的带领下，分别开展了以历史文化资源为代表的陕西各大博物馆的采风调研与以民间美术为代表的陕西传统艺术的采风调研，深入感受与学习中国传统图案与色彩。

陕西历史悠久，从距今约80万年的蓝田人到距今约20万年的大荔人，从半坡母系氏族社会到周秦汉唐等十三朝古都文明，丰富的历史资源滋养了陕西人民对艺术的创造能力。陕西位于黄河中游，由南至北纵贯八百七十多公里，东西横跨五百多公里，雄奇的黄土高原、肥沃的关中平原以及秀美的秦巴山水组成了陕西独特的地理风貌。复杂多样的地貌影响着陕西人民的生活和居住方式，丰富了陕西民间美术的艺术形式。在陕北，沟壑纵横的黄土高原一方面局限了当代经济的发展，限制了对外交流，另一方面却很好地保留了民间艺术的原生态。

西安美术学院作为西北地区唯一的一所艺术类院校，独特的地理优势为学生的课程创作提供了丰富的设计灵感。学生可以从陕西历史资源与民间传统艺术资源中汲取营养，并将其作为设计素材融入丝织品的图案设计中。以新的眼光审视中国文化，以新的形式展现传统艺术，不仅是历史赋予年轻一代的责任，更是时代的要求。

此次调研内容主要包括：

历史资源采风：陕西历史博物馆、秦始皇帝陵博物馆、法门寺博物馆、宝鸡青铜器博物院、西安博物院、西安碑林博物馆等。

民间美术资源采风：延川布堆画、安塞剪纸、宝鸡六营村马勺脸谱、凤翔泥塑、西秦刺绣等。

3.3.1 陕西历史文化资源

常言道：长安自古帝王都。历史上先后有周秦汉唐等十三个封建王朝在此建都，具有丰富的地上地下文物，形成了陕西独特的历史文化风貌。此次以陕西历史博物馆、秦始皇帝陵博物馆、法门寺博物馆、宝鸡青铜器博物院等各大历史博物馆为调研主线，通过对历史文物的参观学习，加深对中华优秀传统文化的了解。

陕西历史博物馆是中国第一座大型现代化国家级博物馆，被誉为“古都明珠，华夏宝库”。其馆藏丰富，历史跨度长，有一百多万年之久，远古时期人类初始阶段所出现的石器与17世纪初期人类生活中所用到的各种器具物品都被囊括其中。

秦始皇帝陵博物馆，作为原址型博物馆，是在俑坑上建立起的大型遗址类博物馆。1974年秦兵马俑被人们发现并开始发掘，直至1979年博物馆开始面向国内外开放。秦兵马俑的发现在国际上获得许多赞誉，被誉为世界第八大奇迹、20世纪考古史上的伟大发现等，并一直作为陕西省的典型文化代表。

法门寺博物馆位于中国宝鸡市扶风县城北10公里处的法门镇陕西法门寺文化景区内，是以收藏、保护、展示和研究法门寺唐塔地宫出土珍贵文物为主要内容的专题性佛教艺术博物馆，因其藏品极具历史和文化价值，又被称法门寺珍宝馆（图3-21）。

宝鸡青铜器博物院原为宝鸡历史文物陈列室，为国家一级博物馆，始建于1956年。2010年新馆在宝鸡市滨河南路石鼓山落成，成为我国目前最大的青铜器博物馆，其馆舍采用青铜器出土的场景作为建筑造型，展馆区域约34800平方米，馆藏高达12000余件（组），其中的一级文物有120余件（组），包括何尊、折觥、厉王胡簋、墙盘、秦公镈等禁止出境文物（图3-22）。

此外，还参观了西安大小雁塔、西安半坡博物馆、黄帝陵、大明宫遗址等，这些丰厚的历史文化资源都为现代图案设计提供了取之不尽的设计灵感，真正地做到让当代设计“从传统中来”。

图3-21　法门寺博物馆（李昕怡拍摄）

图3-22 宝鸡青铜器博物院（李昕怡拍摄）

3.3.2 陕西民间美术资源

陕西由于地域原因，在历史上留下浓墨重彩的一笔，拥有深厚的历史文化资源，与此同时，亦较为完整地保留了传统文化习俗与民间艺术，为我们提供了丰富的民间美术资源。古老而纯朴的陕西剪纸以它特有的魅力，为人们所喜爱。由于陕西各地的自然环境和地理条件不同，形成了以陕北的定边、靖边、吴堡、榆林、宜川、米脂、延安，关中的凤翔、富平、三原、朝邑，陕南的汉中附近等地为中心的地域剪纸文化，特色鲜明。陕北剪纸淳厚、粗壮，线条有力，剪纹简单，单色居多。富平、三原、朝邑的剪纸一般较细致而曲线多，其中富平一带的剪纸形式多样，剪纹流利，明暗适中；三原一带的剪纸以花卉为多，结构较简单，色彩对比强烈；而朝邑一带的剪纸以戏文为多，造型动态近乎皮影。陕南的剪纸曲线多，较大，图案装饰多采用植物纹，如花纹。

（1）陕西民间刺绣：极具地方特色，以独特的画面感、丰富饱满的构图、对比强烈的色彩、质朴厚重的风格而闻名。作品多数以宣扬生命繁衍为主题，构成了陕北刺绣的一种基本艺术格调，例如婚嫁绣品中的“鱼儿钻莲”图及“石榴百籽”图，表现了人们祈求多子多福、阖家团圆的纯真质朴的愿望。在民间刺绣中又存在以老虎、狮子为形所创作的立体的布老虎、布狮子、布枕及挂饰等刺绣织品，我们将其称为布软雕，浑厚大气的造型给人几分秦汉雕塑的观感。在洛川、黄陵及渭北一带，所谓的布软雕其实就是长辈给孙儿制作的布偶玩具，这些布偶的颜色多以白色为主，因为当地农妇的技艺不同、认知不同，故布偶的造型形制迥异。陕西刺绣在民间具有广泛的群众基础，在陕西几乎人人都拥有一个属于自己的布娃娃。在我国几千年的农耕文化背景下，刺绣作为女红成为女性人人必修的一门技艺，正因如此，经过漫长岁月的积累，妇女们创作了无数饱含真挚情感的刺绣作品，无不彰显着她们对美的认知，对美好生活的追求与渴望。

提起陕西刺绣就不得不提起宝鸡地区的民间刺绣，宝鸡的民间刺绣作为陕西刺绣的代表，在全国的刺绣领域亦是颇负盛名，也被称为西秦刺绣布艺。其刺绣表现形式以平面刺绣为主，具有独特的艺术表现力。就目前的文献资料来看，西秦刺绣的发源地主要是宝鸡市渭北塬区各县农村，是由秦绣发展演变而成。根据史料记载，秦绣又被称为唐绣。陕西的民间刺绣源于汉代织绣，在唐宋时期，纳纱绣被广泛传播，在此基础上陕北人民结合当地民俗特色进行创作。随着漫长的历史演变与一代又一代手工艺人的创新，到明清时期陕西刺绣工艺技法与变化形式日趋成熟，从而进入了陕西刺绣的鼎盛时期。在该时期陕西刺绣的工艺技法达到了巅峰，繁多的刺绣，拼贴缝制的技艺，多种的表现形式——平面的、立体的、浮雕式的，其丰富多样，不一而足。随着当今社会的发展，陕西刺绣也成功地从家庭自用转换成市场商品。2008年，西秦刺绣被列入国家级非物质文化遗产名录。

（2）陕西皮影戏：从古代宫廷戏中演变发展而来，在唐代以后得以流传于民间。皮影戏在古时又被称为灯影戏，是通过光源照射，将用兽皮等材料制成的各种人物角色投射在隔亮布上，运用其投影进行多种戏曲表演的艺术形式。这种独特的艺术形式在民间广泛流传。陕西是该艺术形式的发源地之一。皮影戏作为陕西戏曲艺术的源头，其艺术形式脱离了真人表演所受到的制约，其内容包罗万象，无论民间说书还是神话故事都可以表现出来。受当时生产技术的限制，皮影的造型简单质朴，却不失表现力，因此皮影戏中的角色往往具有一定的装饰性，随着皮影戏的流传至今，我们可以见到大量的皮影艺术收藏品。陕西皮影中的华县皮影作为其中突出代表之一，其制作方式严谨考究，需以上等的牛皮作为原料，经过二十多道加工工序精制而成。例如，皮影中影人的形制不超过35cm，造型为正侧面，通过雕刻镂空表现人物服装的造型，结合线描形成万字、鱼鳞、星眼、梅花、松针等图案形式。皮影通常采用对比强烈的配色，而镂空留白可以使影人在表演时更加丰满地呈现在观众面前。

（3）陕北社火：源于当地人内心对大自然及未知事物的敬畏从而自发产生的宗教信仰，其中包括对巫术、祭祀、宗教、古代的角抵、驱傩、祭社等活动的人为想象，“因崇拜而思献媚，假歌舞以祈福佑”。社火的主要艺术表现体系为民间祀社风俗歌舞，社火作为最古老的风俗，在我国已有上千年历史，其宗旨是通过歌舞表现人们对美好生活的诉求。我们所认知的陕北社火是当地人民在重要节日扮演成戏剧角色进行的祈福活动。“社”为土地之神，“火”能驱难辟邪。“社火”是村与村、社与社为了祭祀、悦人和社交，在春节期间，由当地民众自发举行的风俗活动。社火作为节日庆祝，亦是人们感情宣泄的重要方式，人们可以对以往生活的不顺与羁绊进行宣泄，从中展现了人们的生活信仰和对美好生活的向往，彰显了华夏民族顽强的生命力。社火当中广为人知的是社火脸谱，社火脸谱可以说是我国历史极为悠久的脸谱之一。纵观陕西的历史，陕西作为周朝的发源地，其历史久远，社火至今还保留了周文化中“大傩”的历史痕迹，通过与殷商纹样的对比来看，社火脸谱的纹样元素带有商代文化的痕迹。随着几千年历史的传承，社火文化日趋完善，无论是服装与面具的图案、色彩，还是舞蹈形式与活动整体布局都有完善的体系。最终形成的社火文化具有粗犷质朴、厚重纯真、简单却不失韵味的艺术特征，既有浓厚的地域特色又焕发出新时代的活力。

（4）凤翔木版年画：是陕西省凤翔县一种极具当地民俗文化特色的艺术形式，通常用于民间大型节日活动以纳福辟邪。凤翔木版年画始于唐代，在宋代被当地人们广泛接受，兴盛于明清时期。在制作上，凤翔木版年画一直采用传统的套版刷印，通过工作坊生产，其种类繁多，取材多种多样，内容囊括当地民间神话传说。凤翔木版年画源于古代的门神画，后来成为中国画的一种形式，其最初创作目的亦如上文所述是纳福辟邪。木版年画具有悠久的历史，据记载其起源于唐宋，当时是单色印刷，但因当地人的艺术创作而逐渐演变成了比较纯粹的农民画，其制作印刷的套色版和线版相较传统木版年画则显得比较粗糙，不要求很高的准确度，也正因如此，凤翔木板年画具有一种“错版之美”，成为众多年画传承体系中较为独特的存在。凤翔木版年画全部为手工制作，局部的填色也是手工完成，并采用金银两种大的套色体系，具有鲜明艳丽、造型夸张又质朴的艺术特点，亦彰显了古版年画的艺术风格。

（5）凤翔泥塑：作为具有600多年历史的陕西民俗艺术，是中国古老的民间艺术，相传600多年前，人们在农闲时用一种具有很强黏性的土壤做一些玩具，做好的泥塑有时会被作为礼物。这种黏性很强的土壤被当地人称为“板板土”（即“观音土”），在闲暇时人们用其捏制成人状、兽状、物状等形制，制作成黑白色或者彩色的泥塑，经过制陶艺人的不断加工完善，久而久之形成了现在极具特色的陕西彩绘泥塑。凤翔泥塑采用传统方法，制作过程简单便捷，黏土和纸浆被混合搅拌成塑泥，然后制成模子，翻成胎坯晾干，再涂抹白底粉，之后上色、绘画，最后再上光成型。凤翔泥塑具有极其独特的艺术风格，色彩鲜明艳丽，用色不多，通常以大红、大绿和黄色为主，再辅以勾描涂染，给人以鲜明利朗的感觉。

（6）陕西民间陶瓷：以铜川耀州陈炉窑场和澄城县尧头窑场为主要产出地，受当地的民俗文化影响，其特点粗犷豪放、纯真质朴同时又夹杂着浓郁的乡土气息。产生这种艺术特点的原因归根结底是民间艺人真、趣、美的创作理念与骨子里天生的模仿与创新本能。渭北高原的澄城县尧头村的古窑场有千年的历史，这里为陕北百姓烧制了一件件或黑釉或青釉的缸、盆、碗、炉、罐、瓶、灯等器具。其作为一个民窑，不需要考虑当时的达官贵人的需求，而是满足民间百姓的生活，因此粗朴耐用是其产品的重要特征。

陕西民间美术还有很多，如澄城刺绣、蒲城年画、千阳布艺等，陕西民间美术以其丰富多样的艺术形式、独特的地域特征为美术学院的师生们提供着源源不断的创作灵感来源。学生们可以通过对陕西民间美术的研究，学习和汲取其精髓，再运用设计中的形式美法则进行新产品的构思和创造。

3.4 面料与织造历史考察

在项目课程中，通过对全国大型、时尚的服装面料、辅料市场进行调研，尤其是实地考察服装面料和辅料相关的市场分布、流行因素、市场价格、成分及织造方式等情况，获得一手资料，并进行面辅料的分类、收集与信息整理，从而为以后服装设计课程在服装材料上做充分的前期准备。掌握服装材料知识、合理选用服装材料是本课程的基本目标，是学生将设计素材转化为作品的关键环节。

2018年10月19日，2016级图案班的师生们到中国丝绸博物馆进行考察学习，馆内陈列包括：丝绸厅——详细地展示了中国丝绸源远流长的5000多年的发展史，丝绸之路连廊——展示了中西方文化在历史上的交流与融合，织造馆——展示了中国织机的种类、历史以及部分复原机织造过程等。通过参观和学习，学生们对中国丝绸的发展有了更充分、更全面的了解和认识。

2018年10月20~22日，学生们先后到达绍兴柯桥面料市场（图3-23）、杭州四季青面料服装批发市场（图3-24）进行调研，通过考察、收集、归纳和整理不同服装材料与地域特色的服饰资料，使学生学以致用，设计出具有地域特色与时尚创意的服饰作品。

图3-23 绍兴柯桥面料市场

图3-24　杭州四季青面料服装批发市场

2019年4月，项目书籍组成员分别到中国丝绸博物馆、陕西历史博物馆、西北大学博物馆等地，针对提花工艺进行参观学习，并且在西安SKP、西安世纪金花、北京大悦城、上海龙之梦等高档商场进行相关种类的面料市场调研。针对提花机发展历史的考察主要是在中国丝绸博物馆、南京云锦博物馆、东华大学纺织服饰博物馆、湖北省博物馆等地，学生通过对提花机发展脉络的梳理，可以较为清晰地了解中国古代织造技术的先进性（图3-25、图3-26）。

图3-25　中国丝绸博物馆（郑亚辉拍摄）

图3-26　南京云锦博物馆（郑亚辉拍摄）

3.4.1 提花面料

在丝织品的锦、绉、缎、纺、绸、绢、绫、绨、葛、绡、纱、呢、绒、罗十四大类中，几乎每一类均有用提花机织造的提花织物，并且提花织机在丝、绵毛、针织各行业均有广泛的应用。

提花是丝织品的一种工艺，即将各种组织按图案设计的需要组合起来，这种组合的变化十分丰富且复杂，能够形成各种图案。提花面料上的花纹是通幅布匹上机织出来的，不同于平面的印花工艺与局部的绣花工艺。面料织造时通过经纬组织的变化形成图案，其纱支精细，针线密度高，面料在使用中不易变形，质量上乘（图3-27）。

图3-27 对狮对象牵驼人物纹锦（摄于中国丝绸博物馆）

提花面料的制作工艺复杂，经纱和纬纱相互交织沉浮，形成不同的图案，凹凸有致，多织出花草、鸟鱼虫、飞禽走兽等美丽图案。其特点是质地柔软、细腻、爽滑，光泽度好，色牢度高（纱线染色），悬垂性及透气性好，舒适性佳。提花面料在纺织面料历史上有着特殊的重要地位，早在古丝绸之路时，中国面料就以提花制作工艺而闻名于世界。

3.4.2 织造技术

中国古代先进的织机技术不断推动丝织物种类的增多与花样的完善，使中国的丝织品受到世界的推崇与喜爱。虽然世界上大多数的国家都有织机的发明，但是在古代，中国的织机是相对完善和先进的，中国是织机史上最为丰富多彩和富有创造力的国度。我国先民在大约7000年前就已开始使用原始织机。发展到秦汉时期（约公元前200年~公元后200年），大量出现踏板织机和多综式提花机，我国当时的织机技术达到了世界的顶峰。经过丝绸之路的织造技术交流，唐代初期（约公元700年）已出现真正意义上的束综提花机，并在以后的宋元明清时期成为主要的纺织机器。目前，在中国考古方面有汉代提花机的出土（图3-28），在2009年9月“中国蚕桑丝织技艺”被正式列入《人类非物质文化遗产代表作名录》。

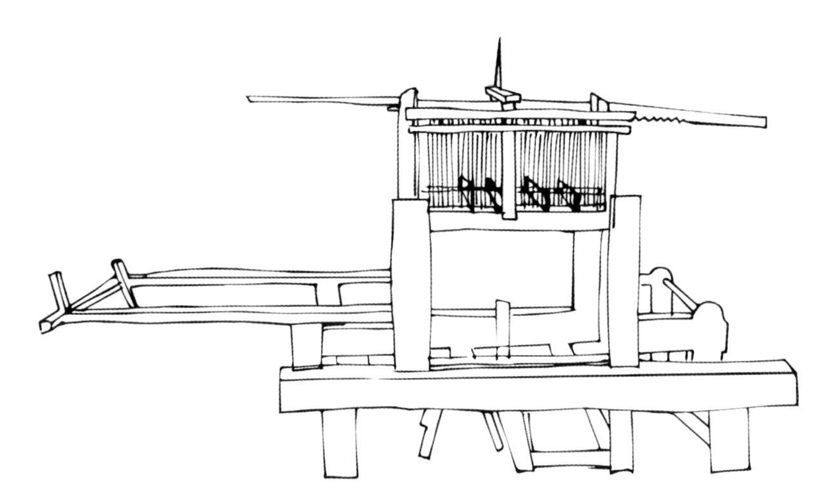

图3-28　根据四川成都老官山汉墓出土的织机复原的模型手绘示意图（郑亚辉绘）

提花机是指将提花规律贮存在织机的综片或是与综眼相连接的综线上，利用提花规律的贮存来控制提花程序的织机。提花机是古代织造技术的最高成就，提花技术是一种开口的技术，在织机上储存开口信息从而使织机织出不同的花纹。经过早期织机的探索后，人们先后发明了以综片和花本来贮存纹样信息，形成了多综式提花机和各类花本式提花机。

3.4.2.1　原始织机

最早的织机也叫腰机，用织布人席地而坐，卷布轴一端系在腰间，双足蹬住另一端，手提综杆经纱形成梭口，用骨针引纬，打纬刀打纬。原始腰机中开口是用手提开口杠或简单的综片完成的，只能织造简单的图案，并且布幅很窄。

在距今7000年前的浙江河姆渡遗址中就已有原始织机的发现，但目前中国最为完整的原始腰机组合发现是距今4000余年的杭州反山良渚文化墓地，共出土织机玉饰件3对6件（副），根据出土的构件可以组成一台完整的原始腰机（图3-29）。

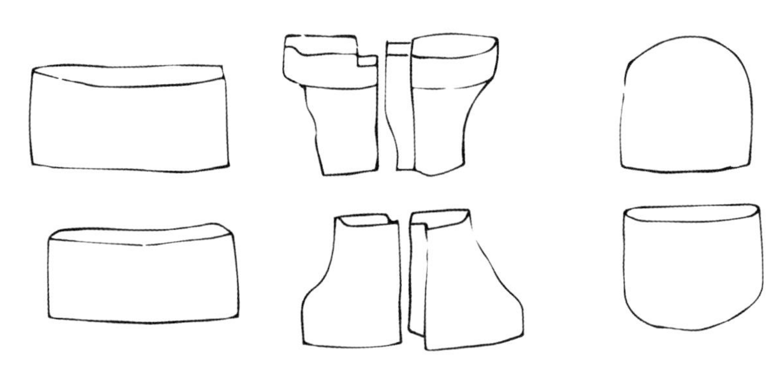

图3-29　根据出土的织机玉饰件手绘示意图（郑亚辉绘）

3.4.2.2　多综多蹑织机

多综多蹑织机是世界上最早能控制织物经向图案循环的织机，有信息贮存和记忆功能，它利用踏板来控制提花的综杆，在织造一个纬向完全循环内一根经线可以同时穿入数片花综内，花纹的复杂程度决定了使用综杆数的多少，而综杆的多少又决定了踏板的数量。由于踏板的数量不能太多，综杆也就不能太多，因此织物的图案经向花回短。

在出土的战国秦汉时期的提花丝织品中，其织物的图案宽度常达整个织物的门幅，但经向长度却不超过几厘米。战国织锦中的代表作湖北马山楚墓出土的舞人动物纹锦，从左到右图案纬向贯通全幅，但经向高度很小；另一件汉晋时期的王侯合昏千秋万岁宜子孙锦较前一织锦晚了约400年，但图案的特点依然没变。从织锦上织出的"王侯合昏千秋万岁宜子孙"这11个字来看，它的纬向循环还是通幅，经向循环依然很小。根据历史文献与出土文物分析，多综多蹑织机出现时期应该不晚于战国时期，虽然关于多综多蹑织机的记载并不多，但是《三国志》在说到扶风马钧改机时对这种织机有过记载：旧绫机"五十综者五十蹑，六十综者六十蹑"；另外《西京杂记》中提到汉初陈宝光妻用一百二十蹑的织机织造散花绫，这里的蹑指的就是穿记录开口信息的纬线的综杆。

3.4.2.3　束综提花机

束综提花机分为大花楼织机和小花楼织机，花楼机是我国古代织造技术最高成就的代表。这种织机使用线制花本代替竹制花本，贮存提花程序，织花纹开口不用综片，而是每组经线用线综牵吊，每梭所需提起的经线上的线综再另用衢线牵引经丝开口。织造时，由两人配合操作，一人（古时称挽花工）坐在花楼之上，口唱手拉，按提花纹样逐一提综开口，另一人（古时称织花工）脚踏地综，投梭打纬。这样，花纹的纬线循环可以大大增加，花样也可扩至很大，且更为丰富多彩。小花楼织机提花图案经向循环高度可达到30厘米左右，到元代大花楼织机出现，因此基本上可以完成一件龙袍的整个图案循环的高度，图3-30为小花楼织机。

明代宋应星在《天工开物》中对花本有一段十分经典的解释："凡工匠结花本者，心计最精巧。画师先画何等花色于纸上，结本者以丝线随画量度，算计分寸秒忽而结成之。张悬花楼之上，即结者不知成何花色，穿综带经，随其尺寸、度数提起衢脚，梭过之后居然花现。"[1]这种线制的花本到后来发展成贾卡提花机上的纹板，用打孔的纸板和钢针来控制织机的提花，打孔的位置不同，织出的图案也就不同。

[1] 宋应星：《天工开物译注》，潘吉星注，上海古籍出版社，2013年，第72页。

图3-30 南京云锦博物馆内织工正在织云锦（刘娟拍摄）

3.5 企业考察与学习

2018年10月12日~19日，2016级图案班的学生们在雅士林集团进行了为期一周的第一次考察与学习，内容包括：了解纤维织造面料的机器种类、生产环节与产品的加工流程，明确产品设计中各项指标的行业标准和设计要求；从原丝整理、色织到剪裁、手缝，全面了解真丝领带的生产全过程，并进入设计部和生产部进行实践和学习。

2019年4月11~13日，项目书籍组成员到雅士林集团进行第二次考察与信息采集，内容包括：领带的织造过程与组织设计。

3.5.1 考察内容

3.5.1.1 第一次考察

考察具体内容如下：

首先，在集团领导的带领下参观了雅士林集团的馆藏——各种领带、方巾等纺织品（图3-31）。设计部的创意设计负责人王老师向学生们详细介绍了其产品配色、款式、排列、结构各个方面的内容。以领带配色为例，其色系分为经典色系、流行色系、地方色系等。王老师介绍了不同国家和地区领带图案的风格特点。即使是同一种花纹，针对不同的地区，领带图案的大小、疏密与颜色都会有很大的区别。亚洲地区的领带风格相对含蓄内敛，图案相对小，颜色纯度较低。欧美地区的领带风格相对奔放夸张，图案相对大，颜色纯度较高。此外，领带的款式会因不同国家和地区人们的生活习惯、身材比例的不同而有所差异，其产品的长短和大头的宽窄会进行相应的调整。

图3-31　雅士林集团展示厅

参观馆藏后，进入织造工厂考察。先是到达原丝整理车间（图3-32）。这么多机器一起运作，速度之快、规模之大都是学生们前所未闻的。工厂机械化程度高，宽敞的车间里工人却不是很多，但都很熟练地在分丝。学生们对工人熟练迅速地运用机器进行制作很佩服，纷纷表示要加强自身的动手实践能力。之后管理人员带领学生们参观了没有整理的原丝仓库，介绍了原丝的特性和分类，学生们不仅看到了原丝，还了解了染色之后的丝的整理，这是产品织造的准备工作。

然后进入缝制车间参观（图3-33）。工人们都在忙碌着手上的工作，由于分工很明确，采用流水线的制作程序，故工作效率很高。在这个车间里，领带制作完成，经过检验后就可以打包了。

最后，学生们来到设计部，在这里可以了解如何将设计转化成成品，怎样的设计才能有好的成品效果，并了解色彩的数量和饱和度都会对成品效果起到决定性的作用，这些是学生们在之前设计图案时不会考虑的。随后学生们开始分组实习，每个组都会开展动手操作和图案组织设计这两个环节的实地训练（图3-34、图3-35）。

在企业考察期间，学生们认真向企业的老师们学习和请教，积极记录企业老师们分享的经验，也真正地感受到领带制造的不易（图3-36）。

图3-32　原丝整理

图3-33　缝制车间

图3-34 手缝实习

图3-35 设计实习辅导

图3-36　西安美术学院师生与雅士林集团领导员工合影

3.5.1.2　第二次考察

此次考察学习的主要内容是领带的织造过程与作为提花丝织片中关键的设计步骤——组织设计（图3-37~图3-41）。当今流行丝织品的提花技术不同于普通刺绣和传统织造，设计方案必须经过电脑CAD数码纺织设计才能有成品织造的可能。目前，纤维组织设计应用程序得到进一步的研发与创新，形成一套独特的纤维组织设计体系，为特殊要求的纤维织造提供了技术上的可能性和可行性。因此设计方案与丝织品提花技术中电脑CAD数码纺织设计的结合是本次课程的主要内容，也是设计理念能否转化为产品的关键环节。书籍组成员邀请雅士林集团设计部的彭道权、王烙峰老师做了详细的讲解，书籍组学生为项目书籍中组织设计部分做了充分的学习笔记。

图3-37　项目书籍组成员参观原丝车间

图3-38　项目书籍组成员参观纺织车间

图3-39　项目书籍组成员参观纺织机器

图3-40　项目书籍组成员在设计部

图3-41 项目书籍组成员与雅士林集团领带服饰有限公司领导员工合影

3.5.2 设计转换

学生们在考察学习中应注意，提花真丝锦的图案设计不同于普通图案设计，设计师需考虑利用现代的织造技术能否实现设计的实物化转换，并根据实际织造效果尝试并调整图案设计。一个成功丝锦设计作品，需要经过选丝、染丝、图案设计、组织设计、织造、后期处理等环节，缺一不可。仅组织设计这一项，就需要耗费大量精力，组织设计对图案设计具有重要影响。色彩越丰富的图案，组织设计的难度越大，既要保证制造的可实施性，又要把图形元素完美地表现出来，这是一个不断尝试和修改的漫长过程。

在设计的过程中要考虑设计元素的纯粹性、色彩数量的可实现性、产品自身造型与图案的契合程度、艺术性与实用性的统一。2016级图案班的学生们把在校内课程中完成的图案设计第一稿交给老师后，老师带着两名研究生以及公司设计部的老师们认真查看了设计稿，并对其中的不可操作性给出了修改意见。

在丝织品的图案设计稿完成后，还有一个非常重要的步骤——组织设计。提花丝织品的图案都是通过组织设计来实现的，也就是说没有组织设计就织不出图案。图案效果是通过组织设计出的肌理变化来体现的。组织设计中经纬密度越大说明其精细程度越高，这样图案的细节就会愈加细致精微。在色彩的表现上，图案中同一种色彩会因组织设计的不同而产生纯度和明度的变化，组织越密的地方色彩纯度显得越高，因此可以根据色彩需求的不同而调整组织设计。

简单地说，组织设计就是使织物表面形成不同纹路与花纹的设计，不同组织的组合可以引起织物图案的变化（图3-42）。织物根据组织的不同，可分为素织物、小提花织物和大提花织物等。它们之间的差别主要体现在表面视觉效应不同：素织物表面素洁，没有花纹；小提花织物采用两种或两种以上织物组

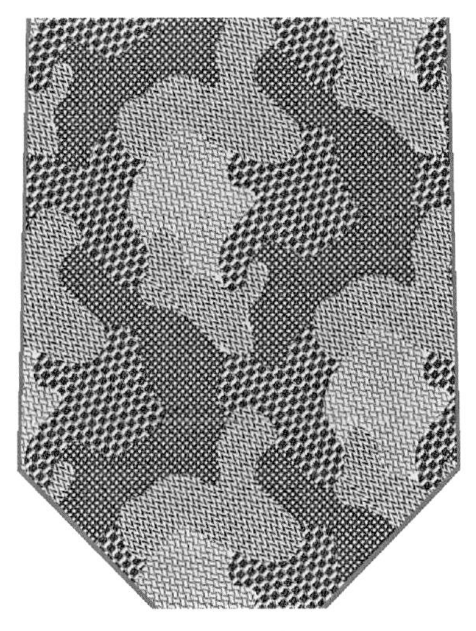

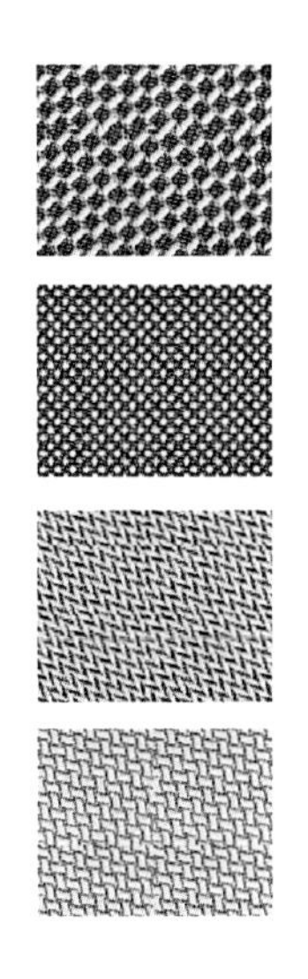

图3-42　组织的变化对图案的影响

织，特点是花纹组织循环小，外观紧密细致、低调典雅；大提花织物多以一种组织为基础，即底纹，另以多种组织在其上显现花纹，配以不同的颜色，可以使织物兼具色彩与质感。在大提花织物中，对同一组相同配色的图案进行不同的组织设计，可以呈现出差别较大的质感。所以，对真丝锦的组织设计的探索，是丰富设计非常重要的一步。

组织设计中常见的组织包括原组织、透孔组织、凸条组织、网目组织等。原组织是指在一个组织循环内，每一根经纱或纬纱上只有一个经（纬）组织点，包括平纹、斜纹和缎纹三种组织，又称三原组织，是各种组织形成的基础（图3-43）。在原组织基础上，通过改变组织点的浮长、飞数等，可以形成不同的变化组织（图3-44）。

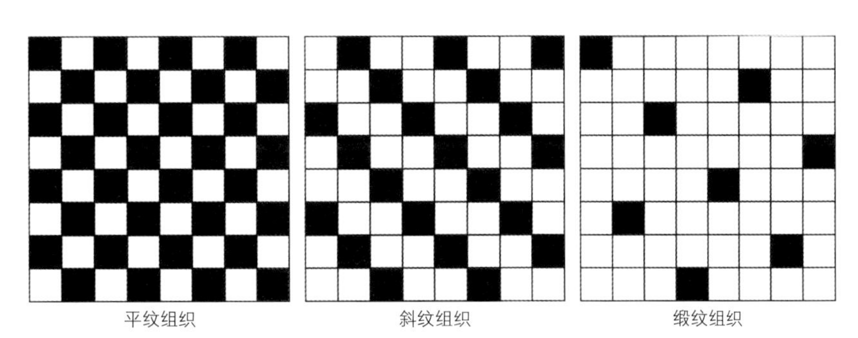

图3-43　三原组织

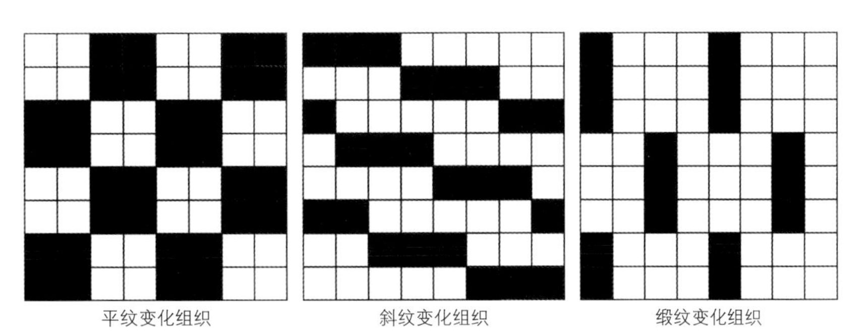

图3-44　变化组织

数码提花技术是一种组织设计的技术，其范畴包括CAD数码纺织设计技术、数码织造技术与数码开口技术。纹织CAD采用计算机处理图像、数字等信息，将传统工艺电子化，极大地推动了生产力的发展，使产品设计的操作变得简约高效。同时，跳脱出原本机械的固有限制，使纹针的效率大大提高，同时缩小了纹样的局限性，使纹样循环得到了改善。与传统提花相对比，数码提花在保留传统生产特色的基础上，对织物组织结构进行了设计创新。

数码提花面料上的花纹是织出来的，既不是印花也不是绣花，其纱支精细，针线密度极高，以经纬组织变化而形成图案，使用起来不变形、不褪色、舒适性好。在组织结构方面，数码提花设计从传统的设计模式转变为分层组合模式，组合后的色彩数量大大提高，足以表现细腻的晕纹过渡效果。

肌理的组织设计是指通过特定的经纬变化使纱线产生滑移，从而使织物表面呈现出特有的肌理效果，如凹凸、疏密、小孔等。常见肌理的组织设计有网目组织、蜂巢组织、凸条组织、浮松组织、透孔组织等。在设计过程中，要根据特定参数做相应调整，包括经纬密度、组织循环等，需特别注意交织平衡等问题，特别是与缎纹组织的配合使用。

如图3-45中的《舞狮》局部，在制作过程中均使用缎纹织造，黑色部分经过处理成为经面缎纹，黑色很纯；灰色部分是12枚的经向加强组织；白色部分是24枚高纬密缎纹，比普通组织纬密高一倍，达到了看不到经纬组织点的效果，所以颜色很纯。通过织造的疏密搭配可以进一步拉开空间关系，使面料质感和图案设计相辅相成，图案颜色深浅的变化就是通过加强组织层次来实现的。

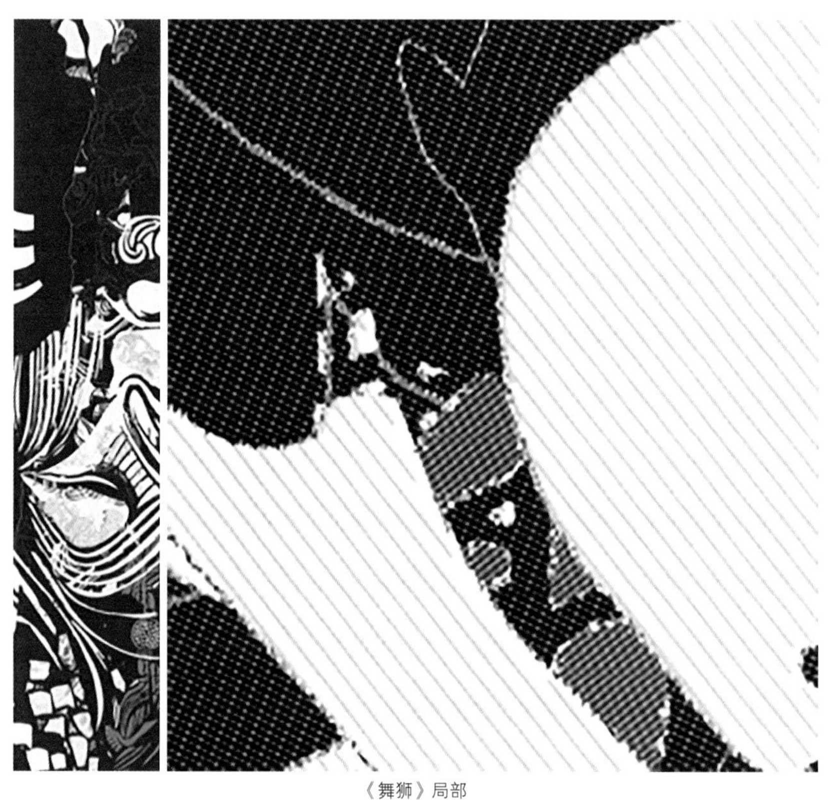

《舞狮》局部

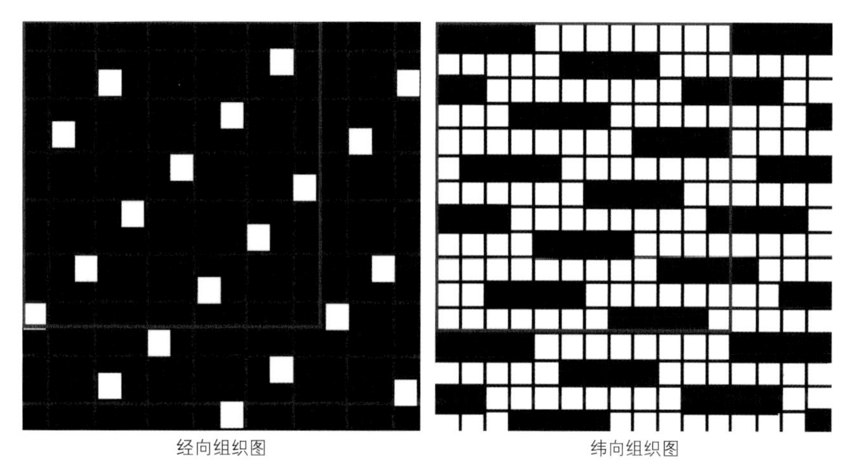

图3-45 《舞狮》经纬向组织图

高纬密缎纹的实现非常复杂，例如其他处是57梭（57根纬线/厘米），而高纬密处则可达到140梭，其实现过程就像齿轮转动，在上面产生停翘，第二梭再产生停翘，以此类推来实现高纬密缎纹织造。以此方法盖住经点，颜色就会显得特别纯而没有杂色。

图3-46，高花织物采用双经轴，分别控制两组张力不同的经纱，从而使织物因缩率不同而产生凹凸状，呈现花纹耸立的浮雕状效果。

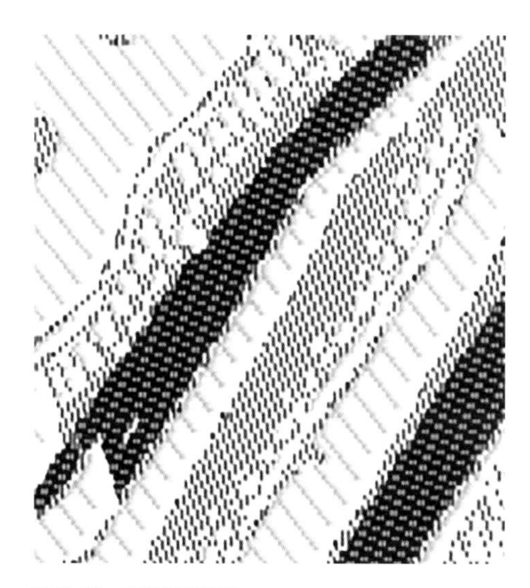
图3-46 高花组织结构

采用CAD数码纺织技术时，设计的纹样与织物结构之间的转换遵循对应原则。在单层结构中，纹样中一个色彩对应一个组织，如果提花图层是灰度模式，则不同灰度级别对应不同组织，将纹样按色彩与组织替换后，即得到织物结构图。例如以《舞狮》为例，图3-47就是一组纹样与织物结构的局部对比范例，其左图展示了纹样细腻的晕纹过渡效果，该设计采用了数码提花织物的分层组合设计模式，组合后的混合色彩较为细腻，过渡自然，面料采用阴影缎纹组织中的影光组织，从纬面缎纹组织过渡到经面缎纹组织，通过经纬纱线的配合，能在色彩、质感、光泽等方面表现细腻的过渡变化。

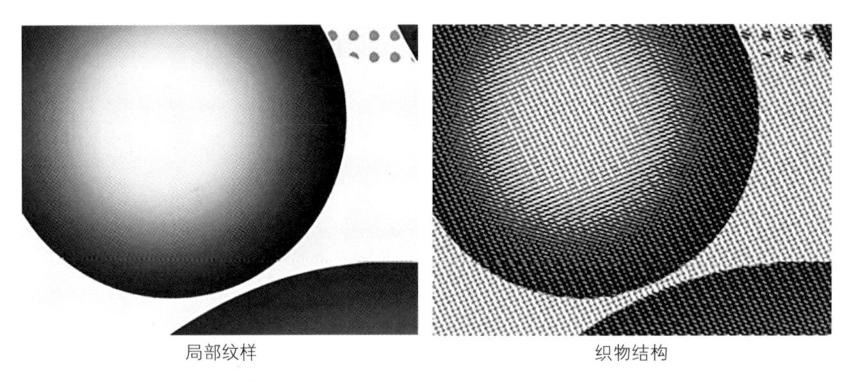

图3-47 纹样图案与织造结构

组织设计对图案设计具有重要影响：组织设计是将图案按照不同的色彩区域转化为组织肌理的变化（同色也可以设计成不同的组织肌理），以此丰富图案设计，进而达到对图案的填充（图3-48）；换言之，正是通过组织设计来完成不同的肌理填充，从而弥补图案设计中色彩的局限性。

图3-48 图案的组织设计模拟效果图

组织设计对图案设计也有一定的要求与限定：首先，色彩的种类最好控制在3~5种，因为提花真丝锦是织出来的，每一种颜色就是一层丝线，颜色过多则织物会变得过厚而不宜织造；其次，图案最精细的部分至少占两个像素点，也就是两根线的宽度，否则织出来的细节会因为太细而看不到，图案分辨率最少是290，小于该分辨率则织出来的图案还原性差；最后，受机器的限制，图案尺寸取决于经向密度，即经线密则尺寸相对短，纬线疏则尺寸相对长。

3.5.3 生产流程

一条丝织领带的生产工艺流程大致可归纳为原料加工→面料织造→面料定型→裁剪成型四大步骤，每一个步骤又包含若干个小的流程。

3.5.3.1　原料加工

白生丝又称厂丝（图3-49）进厂后是无法直接使用的，需要工人将其弄散并浸泡在40℃的水中，同时加入软化剂进行软化。在浸泡期间需要时刻关注生丝，防止脱脂严重。在长达4个小时的软化后，取出，阴干晾晒3天以达到脱水的目的。将生丝处理之后，在一个相对湿度为50%~60%且恒温的环境下进行储存，以备使用（图3-50）。

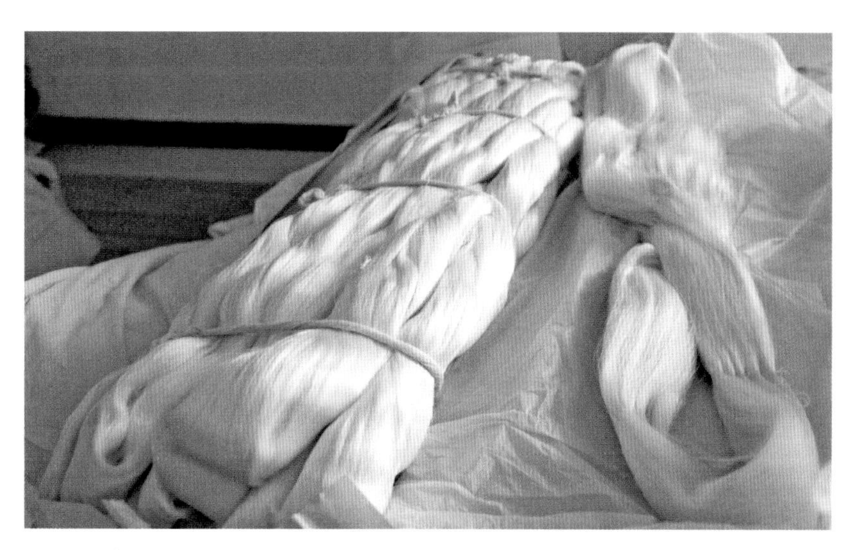

图3-49　生丝

图3-50　经软化处理后的白厂丝

生丝经过软化处理后就开始进行分丝，分丝是指将不同季节、不同产地的原料通过食用色粉简单上色从而进行区分，以便于分类储存，避免原料混放（图3-51）。接下来进行并丝（也称并线），即根据客户的要求，将两根或两根以上的蚕丝并成一股，这一道工序是为了对后面的经线、纬线做一个区分（图3-52）。就现在的生产条件及市场需求而言，经线至多由两根真丝并为一股使用，纬线则至多约8根并为一股使用。最后将加工好的丝线络丝成筒（图3-53）并进行丝线分类储存（图3-54）以供生产使用。在这里也要感谢丝线厂高厂长为学生进行细心讲解。

图3-51　分丝工序

图3-52　工人在并丝

图3-53　络丝成筒

图3-54　丝线分类储存

3.5.3.2　面料织造

在原料处理完成、面料织造前，先要进行上排这一准备工作。将加工好的原料丝线通过上排工序缠入经轴上以供面料织造机使用。上排工序是将400个筒子也就是400根线同时通过人工穿孔使丝线穿过带孔透明板，并入经轴上。经轴的宽度为210厘米，210厘米需要24000多根丝线。一个工人操作一台机器一天可通过上排工序将长度约1500米的丝线导到经轴上。在上排的过程中，工人需要不断地观察，通过加水保持其丝线的张力以免被扯断。图3-55为上排工序细节图。

图3-55

图3-55 上排工序细节图

经过上排工序将丝线导入经轴后（图3-56），就开始面料织造，即通过经线和纬线进行织造，其中经线主要有黑色、白色、蓝色等，具有颜色单一、需通过经轴上机操作的特点，而纬线有七八十种颜色，可直接上机使用。在面料织造时，经轴上24000多根经线同时穿入沉经片，每一根经线穿过一个沉经片，通过钢针被送至机头，在织机的操控下与纬线织成织物，在面料织造的过程中，假如出现断线情况，则需要人工打结连线。图3-57～图3-60将展示面料织造细节。

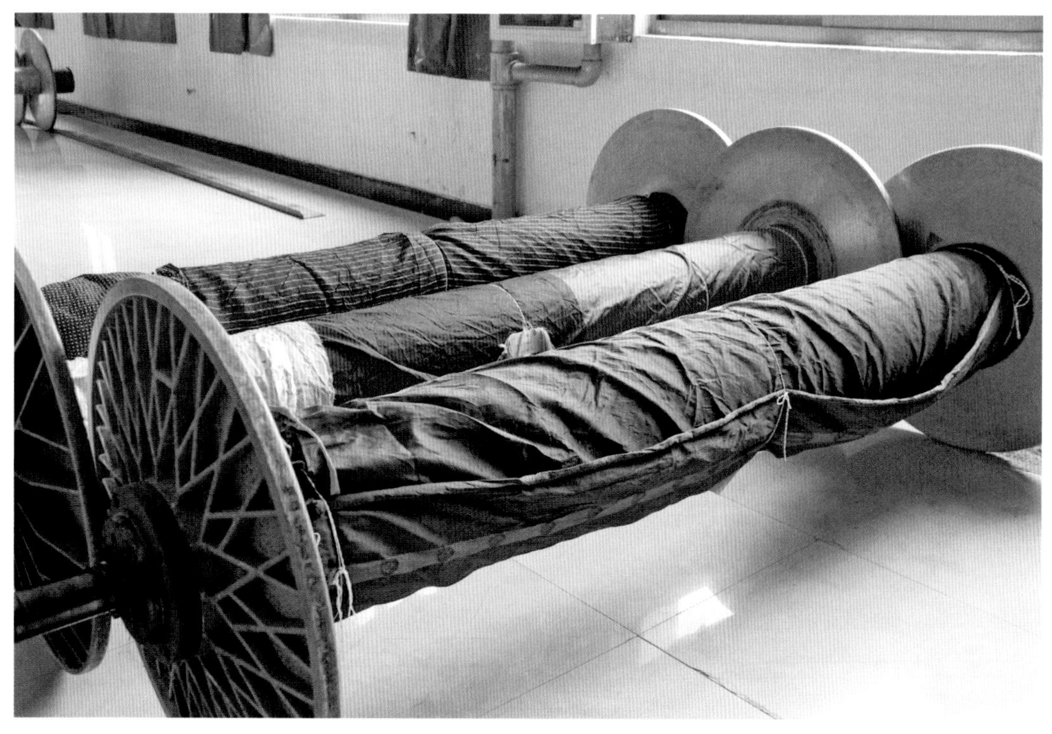

图3-56 已经导入丝线的经轴

图3-57　24000多根经线由织机同时操控进行织造

图3-58　人工检查是否出现断线情况

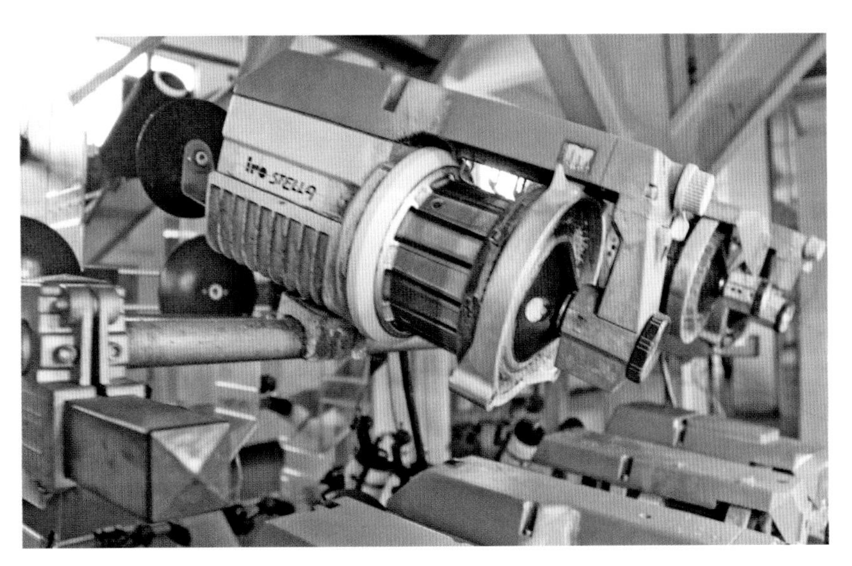

图3-59　上机使用的纬线

图3-60　面料织机的全貌

3.5.3.3　面料定型

织造厂织成面料后，将面料送至定型厂进行定型，注意，应根据客户要求选择适合的定型方法，目前常见的定型方法主要有以下几种：

（1）一般定型：也称生坯定型，不防水，蒸箱温度在130℃以下，110℃左右。

（2）防水定型：如涤丝防水、真丝防水，蒸箱温度要求180℃。

（3）加厚定型：加厚剂，蒸箱温度一般在150~180℃。

（4）加硬定型：加硬剂，蒸箱温度一般在150~180℃。

定型时，工人将织造好的丝布上定型机、过定型液、过蒸箱，至此定型结束，最后进行人工检验，检查其是否合格。如图3-61～图3-64所示。

图3-61　工人将需要定型的面料与坯布连接进行定型

图3-62　定型过程中仪表操作

图3-63　将定型完成的面料进行人工叠放

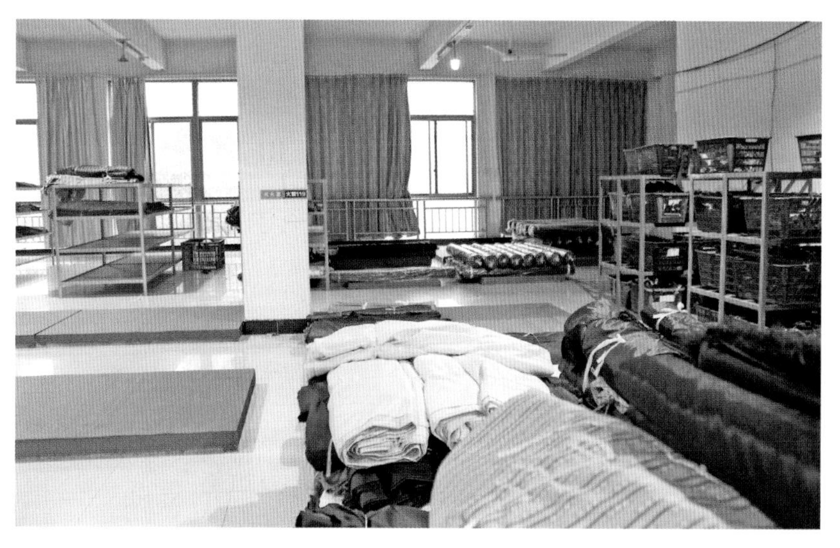

图3-64　将人工叠放后的面料进行分类贮存

3.5.3.4　裁剪成型

将定型好的面料送至领带厂，开始进行领带成品制作。面料应送至领带厂的裁剪制作区域，进行排板剪裁。在排板裁剪时，应根据面料花色的不同选择适合的排板裁剪方式：

（1）针对普通重复花形面料，先按照工艺指示单用纸样排板，然后将纸样覆盖于面料上，用专用切割机进行裁剪，每天可裁剪15000~20000条。

（2）针对定位花形面料，先用针固定面料花形位置，然后直接在面料上进行排板，再用专用切割机进行裁剪，每天可裁剪4000~5000条。

在排板裁剪后应进行车缝，车缝即缝合领带，其中人工车角工艺体现了领带的制作水平。操作时，先将一条领带分为大头、中节、小头，车缝时在大头、小头都留有距离不缝合。车缝后开始人工烫角，通过人工将大头整烫。其后通过篱笆机进行加衬，应按领带大小选用不同尺寸的内衬，也为后面翻领带提供便利，不同尺寸的领带在篱笆机的中部进行尺寸调整。之后进行人工修边，并通过翻带机将领带翻至正面。随即进行第一次人工检验，检查领带是否平整，如有问题及时进行人工调整，如没有问题则送至烫工处。将领带大头、小头烫平并根据要求加入布襻，随后进行手工缝边，在分别位于大头头尖13厘米处、小头头尖6厘米处系结，其目的是为了美观，在两端系结中间进行缝合，以此修正缝制时遗留的距离。图3-65~图3-77为领带制作时的实操图。

图3-65　排板师在进行排板

图3-66　按照纸样进行裁剪

图3-67　直接在定位花形面料上进行排板裁剪

图3-68　人工烫角

图3-69 通过篱笆机加衬

图3-70 人工修边

图3-71 通过翻带机后的领带半成品

图3-72　人工检验

图3-73　烫工师傅缝制布襻

图3-74　工人师傅们进行最后的缝合

图3-75　缝合大头

图3-76　最后的成品检验

图3-77　成品装袋

一条真丝提花领带的常规生产流程：生丝→高温蒸（脱脂）→打捻并线→染色→上机牵经线、织布→裁剪→车缝→烫角→手工缝边→缝商标、缝布襻→大烫→检验，总计十几道工序。学生们通过在企业里的短期实习，认识到一件产品背后的不易，也更加坚定了做好设计的信心。

基地建设与课程设置

Base construction and curriculum setting

4.1 实践基地的建设

4.1.1 建设目标

西安美术学院以学科专业为基础，通过与浙江雅士林集团的合作，共同成立校外创新创业实践教育基地，推进学校、企业、政府与社会协同培育创新型人才，并在基地建设中探索适合本学科专业的、可以延伸套用的特色创新创业实践教育人才培养体系。在为期两年的基地项目建设中，充分发挥美术学院艺术类的学科优势，从行业企业与市场的实际需求出发，切实提升学校人才培养质量，力求在陕西省高校创新创业教育实践工作中起到引领和示范作用。

4.1.2 实施方法

首先，探索创新创业实践教育新模式。以西安美术学院服装系实践教育基地为专业技能训练营，使学生学习专业课程、掌握专业知识，通过浙江雅士林集团提供的实习实践场所，得到专业的技术指导与创新创业能力培养，融创业教育于第二课堂，拓宽学生视野，培养学生的创业思维。

其次，发挥地缘文化优势，推动区域经济发展。西安美术学院地处陕西，具有丰厚的历史资源与地域文化资源，以特色文化为基础，挖掘陕西民间美术在现代设计中的传承与发展的可能性，弘扬本土文化，探索当代设计，在文化创意产品中提出设计新思路，促进陕西地域经济发展。

最后，将专业教学与创新创业实践相结合。在西安美术学院雅士林实践教育基地项目建设中，把学校的学科专业优势与企业的实践操作平台结合起来，高效利用校企合作的平台与资源，这不仅是此次项目建设的重点，更是项目建设的优势。

4.2 课程设置

4.2.1 课程宗旨

西安美术学院雅士林实践教育基地开设的课程包括专业课程与实践课程两大项，其中专业课程主要是图案课程，使学生掌握图案的基础知识，并对陕西地域进行采风、学习；实践课程即到浙江雅士林集团领带厂进行实习，在这个过程中，帮助学生将自己创作的图案实现生产转化，使其了解实际生产流程与后期市场推广情况，真正做到理论与实践相结合，充分激发学生的创新创业意识，提高创新创业的能力。

4.2.2 教学内容

教学内容分为两部分：前期，进行专业课程（图案课程）的导入，完成理论基础知识的学习；后期，到企业实习，完成实践课程。

4.2.2.1 理论基础知识

理论基础知识包括图案的定义、二方连续、四方连续、中国传统图案以及中国传统色彩等。图案是具有装饰性和实用性的一种美术形式。在课程教学中，让学生们系统了解并掌握图案的基本概念，通过图案设计原理与规律的讲解让学生们对图案的构成方法与表现形式有清晰的认知。在课程中逐渐提升学生的审美能力，理解在当下社会语境中对审美的解读，与此同时不断提高学生的造型与设计基本功，并大力培养学生创新能力，通过设计创作实践让学生进一步掌握设计规律与技能，为其以后的学习与创作奠定扎实的基础。

（1）图案。图案即为图形的设计方案。图案教育家、理论家雷圭元先生在《图案基础》一书中，对图案的定义综述为："图案是实用美术、装饰美术、建筑美术方面，关于形式、色彩、结构的预先设计。在工艺材料、用途、经济、生产等条件制约下，制成图样、装饰纹样等方案的通称。"[1] 图案有一定的构成形式、类别以及一定的表现规律和形式美法则。

①图案的构成形式。

图案按其构成形式可分为单独图案、二方连续图案、四方连续图案等。

单独图案　是图案的基本单位，具有相对的完整性，也是组成二方连续、四方连续图案的基础（图4-1）。单独图案分为规则和不规则两类，规则类图案为对称式图案或相对对称式图案，不规则类图案为均衡式图案或自由式图案。

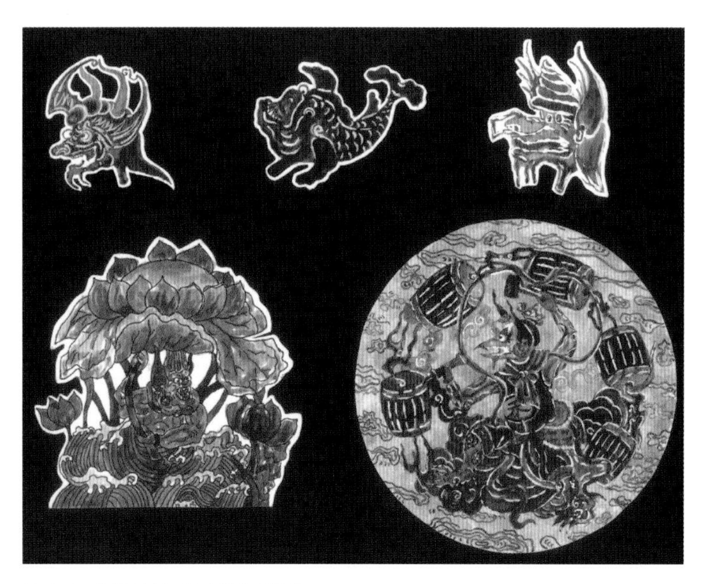

图4-1　单独图案图稿（学生手绘）

[1] 雷圭元:《图案基础》,人民美术出版社,1963 年,第 1 页。

二方连续图案　是由一个单位纹样向上下或左右两个方向反复连续而组成的图案样式，富有节奏和韵律感，也称带状图案或花边图案（图4-2～图4-5）。

图4-2　单独图案及二方连续图案图稿1（学生手绘）

图4-3 单独图案及二方连续图案图稿2（学生手绘）

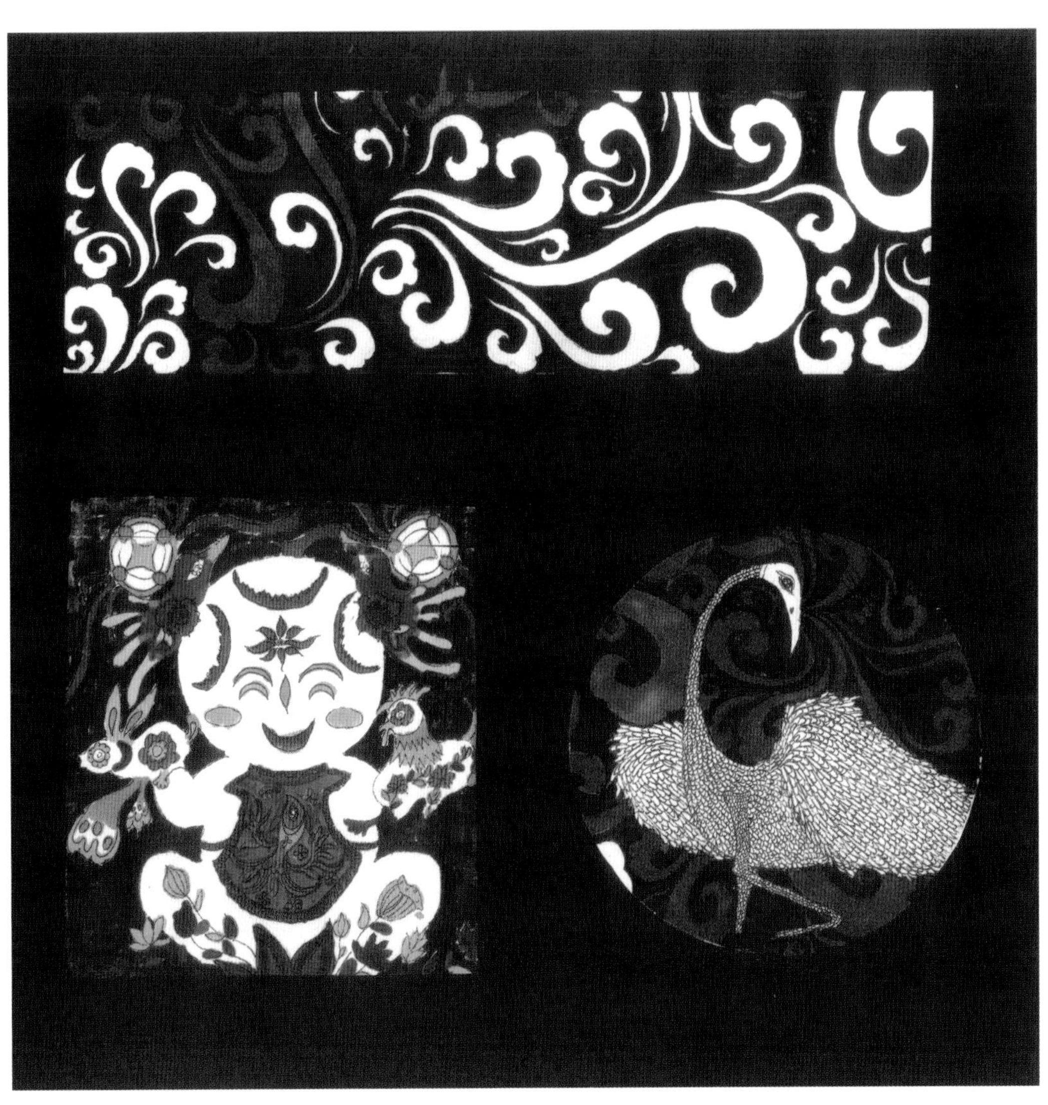

图4-4　单独图案及二方连续图案图稿3（学生手绘）

图4-5 单独图案及二方连续图案图稿4（学生手绘）

四方连续图案　与二方连续图案较为相像，但是四方连续图案是以单个或多个纹样组成的单位图案向上、下、左、右四个方向进行重复连续与延伸拓展而形成的图案（图4-6～图4-8）。

图4-6　四方连续图案图稿1（学生手绘）

图4-7　四方连续图案图稿2（学生手绘）

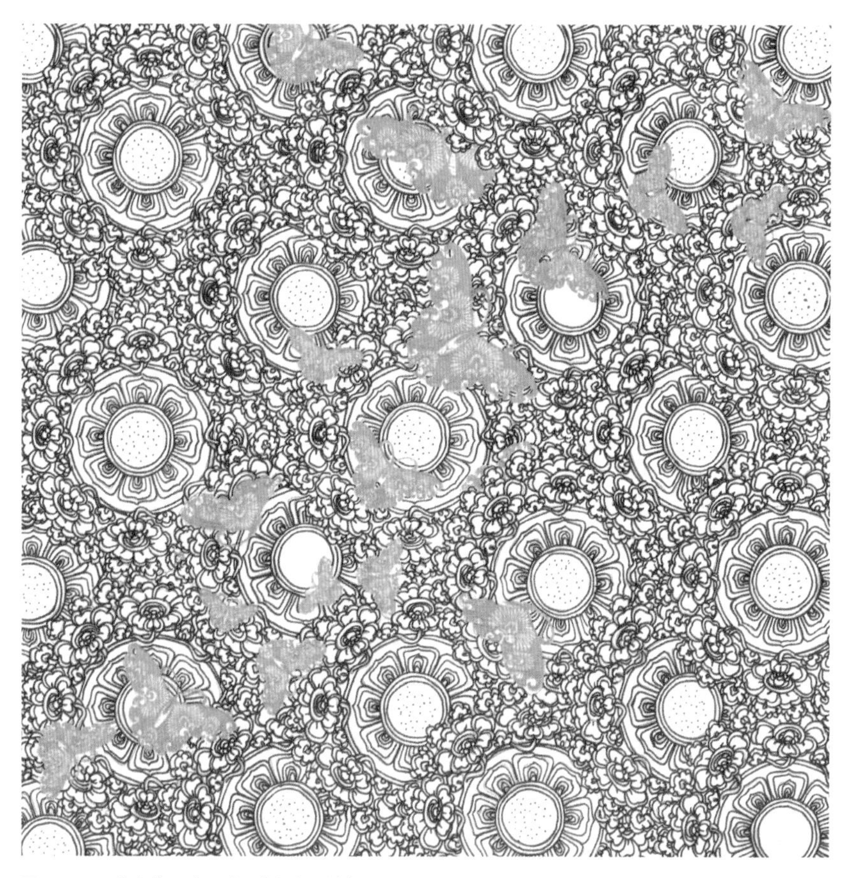

图4-8　四方连续图案图稿3（学生手绘）

②中国传统图案。中国作为一个具有几千年历史的文明古国，其传统图案在经历上千年的传承与演变后形成了一个庞大的体系，为了方便研究，我们将其分为四大类——原始社会图案、古典图案、民间民俗图案以及少数民族图案。

原始社会图案　作为原始社会时期的图案，映射出当时的社会风貌及人文习俗，其题材非常广泛，包含人物、动物、植物和一些当时人们所创作的装饰性图案以及记录原始宗教风貌的图案。在原始社会这一大的历史背景下，受当时生产工具的制约，原始社会图案的造型多以简洁粗犷的线条构成，形成一种质朴且具有强大生命力的画面效果。在图案构成上，常表现出一定的水准，符合对称、平衡等形式美法则，如图4-9所示，这是新石器时代仰韶文化的红衣

图4-9　红衣彩陶钵（郑亚辉拍摄于河南博物院）

彩陶钵，于1956年在三门峡市庙底沟出土，其表面通过简练的线条与几何形图案形成具有鲜明层次与节奏的视觉效果。

古典图案　从历史延承的角度看，古典图案特指具有明确的社会制度以后被人类所创作出来、具有一定典范性的图案。中国传承下来的古典图案丰富多样，为了方便研究，往往先以历史时期进行分类，再从图案的承载物进行细分，例如商周的青铜图案、战国的漆器图案、秦汉的瓦当图案、石刻图案、织锦图案等。不同时期的图案以及图案的承载物的不同，使古典图案在现代的艺术研究中大放异彩，也为增强中国民族文化自信奠定了深厚的基础。图4-10就是典型的青铜图案，以回纹等纹饰整齐排列而成，风格严谨、规整。

图4-10　青铜图案（郑亚辉拍摄于河南博物院）

图4-11也是较为经典的古典图案，承载物是绘彩天马画像砖，为南朝时期作品，1958年出土于邓州市学庄。通过雕刻与彩绘的结合，在砖块上创作出天马的形象，其造型制式都极具南朝时期的创作风格。

图4-11　绘彩天马画像砖（郑亚辉拍摄于河南博物院）

民间民俗图案与少数民族图案　其特质较为相像，都是具有鲜明的地域文化特色的图案。我国地大物博，各地都有其特色的民间习俗及区域文明，其图案的表现内容多以特色的民俗风貌、信仰祈福为主，如年画、剪纸、刺绣上的图案等。民间民俗图案表现了各地特色的文化习俗和信仰祈福的对象，可以让人们了解特色区域文化。少数民族图案与民间民俗图案相似，是少数民族在其特定的生活环境中所创造的带有鲜明民族符号的图案，如蒙古族、哈萨克族的地毯，虽然都是地毯装饰图案，但因民族不同，各具特色；又如苗族、布依族的蜡染图案，壮锦、云锦、蜀锦等织锦图案，其具象表现与组合构成都因各民族生活习俗与社会环境的不同而有所差异。

③传统图案元素的提取与应用。传统图案作为我国民族文化的重要组成部分，一直以来不断地被当下国内外设计师提取、运用。如今，随着社会的不断发展，民众艺术素养也不断提升，人们更加坚定民族文化自信，更加重视传统图案。作为几千年历史文明传承下来的瑰宝，传统图案所特有的文化艺术魅力值得我们去深入研究与应用。

本项目课程基于对国内外丝绸产业设计现状的研究分析，通过调查研究，笔者从当代产品设计的角度，对创新应用设计提出了两点建议，希望通过该课程可以为本土丝绸品牌设计起到积极推动的作用。

第一是题材的选取，通过古代的神话传说与民间故事为设计构建一个情节，赋予设计一定的叙事性。例如从先秦时期的《山海经》到明清小说、民国文学，这些神话传说、民间故事可以作为图案创作的情节性题材。

第二是灵感元素，可以从传统图案中提取设计的灵感元素，深入探寻所选取的传统图案的时代背景、人文情怀与具象表现细节，并将这种人文情怀与表现细节作为设计的核心，结合当代艺术思潮进行创新设计。例如从史前的陶器、玉器、商周的青铜器、汉代漆器到明清瓷器、民国服饰，这些器物上的传统图案都可以作为创新设计的灵感元素，每一个传统图案背后所承载的中华文化都是图案的核心与灵魂，值得探究。

总之，运用传统图案可以加深设计作品的文化内涵，同时创新设计也可以为传统图案注入新鲜血液，使其符合当代艺术审美诉求，展现饱含民族自信的新面貌。

案例：**青铜器纹样应用的图案设计（作者：冯路，指导老师：梁曾华）**

饕餮纹，青铜器上常见的花纹之一，最早见于长江中下游地区的良渚文化陶器和玉器上，盛行于商代至西周早期。研究者称饕餮纹为兽面纹，这种纹样有的带有躯干、兽足的形象，有的则仅表现兽面部分。饕餮是古人融合了自然界各种猛兽的特征，同时加以想象而形成的猛兽，其面部巨大而夸张，装饰性很强，常作为器物的主要纹饰。其与古代人民的文化生活息息相关，充分体现了古代劳动人民的智慧和创造能力。

在对这类宗法礼教成分居多的纹饰进行提取应用时，应注意对其结构完整性的保留，并且将主纹和底纹一并使用（图4-12）。

单独纹样设计完成后，对纹样构成进行改变重组，尝试不同形式的组合。在视觉上尽量寻求疏密的节奏感，以线、面作为图案构成的基础，力求比例协调均衡，可以使用单色图案设计，尽量减少色彩的干扰，强化图案构成（图4-13）。

青铜器纹样自身的庄重、狞厉的特点在图案设计中得以延续，稳重结实的矩形作为辅纹，增强了图案的稳定感。在丝织品应用中，图案的特征深刻地影响着服饰风格。

图4-12　图案创新设计

图4-13　图案设计及应用效果图

(2)色彩。

①色彩基础。色彩，是“色”与“彩”的合称。色是指分解的光进入人眼并传至大脑时产生的感觉；彩是指多色的意思。色彩是客观存在的物质现象。

红(品红)、黄(柠檬黄)、蓝(湖蓝)是绘画色彩中最基本的颜色，被称为三原色。颜料中的原色之间按一定比例混合可以调配出各种不同的色彩，而颜料中的其他颜色则无法调配出原色。三原色中任何两种原色以等量混合调出的颜色叫间色，或者称为第二次色。任何两种间色(或一个原色与一个间色)混合调出的颜色则称为复色，亦称再间色或第三次色。

色彩三要素包括色相、明度和纯度(图4-14)。

图4-14 色彩三要素(冯路绘)

色相 指色彩的相貌，是色彩最显著的特征，是不同波长的色彩被感觉的结果。光谱上的红、橙、黄、绿、青、蓝、紫就是七种不同的基本色相。

明度 指色彩的明暗、深浅程度的差别，它取决于反射光的强弱。明度包括两个含义：一是指一种颜色本身的明与暗，二是指不同色相之间存在着明与暗的差别。

纯度 指色彩色素的纯净和浑浊的程度，也称为色彩的饱和度。纯度低的颜色，常常给人灰暗、淡雅或柔和的感觉；而纯度高的颜色，则给人鲜明、突出、有力，甚至单调刺眼的感觉。在色彩设计中，低纯度的配色视觉情感上偏向柔和、雅致，高纯度的配色偏向活泼、热情 。

在图案设计应用中，除了考虑图案色彩的三要素外，还需考虑同类色、对比色和互补色。

同类色 是在同一色相中不同倾向的系列颜色，如红色中可分为深红、玫瑰红、大红、朱红、橘红等，都称为同类色。同类色的使用，会使图案看上去色调统一，配色时也可对同一色相进行纯度的调和，产生色彩过渡的效果。

对比色 指在24色相环上相距120°~180°之间的两种颜色。这是人的视觉感官所产生的一种生理现象，体现了视网膜对色彩的平衡作用。

互补色 指色相环中相隔180°的颜色，如：红与绿，蓝与橙，黄与紫互为补色。

②中国传统色彩。对于图案课程中的色彩设计部分，主要通过对中国传统艺术的学习，把握传统色彩的运用规律与审美意匠，提高对传统色彩的认知与理解，以便在设计中融入更多具有传统意义的色彩元素和文化内涵。

与西方基于“光学分析”的色彩不同，中国传统色彩则是从对自然色彩的认识出发，与民族文化心理结构相结合，形成了中国传统文化中的色彩基本准则——“五色”，即青、赤、黄、白、黑。东汉末的刘熙在《释名·释彩帛》中对五色进行了解释：“青，生也。象物生时色也。”“赤，赫也。太阳之色也。”“黄，晃也。犹晃晃象日光色也。”“白，启也。如冰启时色也。”“黑，晦也。如晦冥时色也。”五色对应五行学说中的金、木、水、火、土，也分别对应东、南、西、北、中五个方位（图4-15）。

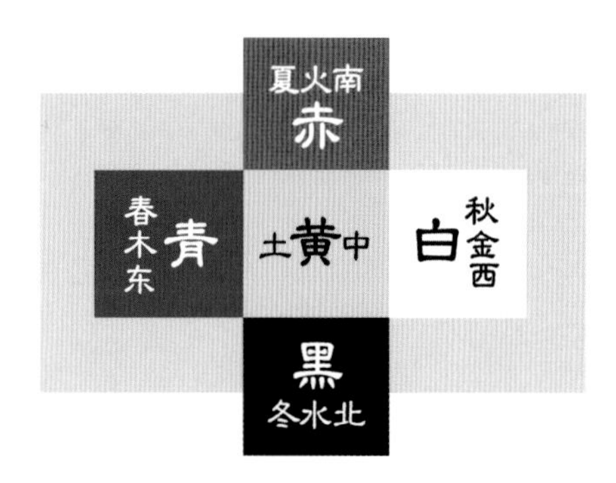

图4-15　五色对五行、四季、五向对应示意图（冯路绘）

在中国传统文化中，色彩具有一定的象征性与寓意性，也反映了人们的审美意识。在中国古代封建社会时期，严格的等级制度很大程度上反映在色彩的装饰与服用上面，“五方正色”象征着尊贵，其他的“间色”则为卑贱之色，在许多朝代，平民是不允许使用正色作为服饰色彩的。例如在五行中土为中[1]，象征中央，对应日头之色黄色，体现了帝皇尊位，因此黄色多为天子服色。

民间美术色彩作为中国传统文化的重要组成部分，反映了人们日常生活、信仰活动、节庆礼仪等民间文化和风俗习惯中的色彩观念，具有重要的社会功能。民间美术色彩具有鲜明的地域特征，从地理特征、文化习俗入手，把握其美术色彩特点，有利于对地方文化元素进行应用设计，把握其艺术的精髓。

③传统色彩的提取与应用。色相环中相距60°角内的两色，为邻近色关系，色相近似，色调统一和谐。对比色是指色环上相距120°~180°的两色，可以巧用对比色进行搭配（图4-16）。互补色是指在色环上成180°相对应的一对色彩。由于对比色或互补色的色彩反差很大，所以在运用的时候一般需要用无彩色来进行调和。

低纯度、中明度的色彩搭配相对较多，低纯度也称灰色调，有不同色相和冷暖的倾向。灰色中含有黑色，因此处理得当会有沉着、高雅之感。明度对比是色彩构成的重要因素之一，色彩的层次与空间关系主要依靠色彩的明度对比来表现。如果将明度分为十一级，零度为最低，十度为最高，四至六度的色彩则为中明度。色彩间明度差别的大小决定明度对比的强弱。低纯度、中明度的色彩搭配案例如图4-17所示。

---

[1] “土居中央”的观点在东汉时被确立，由此突出了黄色的地位。

图4-16 《剪花娘子》系列作品之一 作者：梁曾华

这是梁曾华老师2018年以库淑兰剪纸为灵感进行创作的作品，使用了对比色的配色设计，这种鲜艳明亮的色彩是民间美术中常出现的配色方案，加入灰色进行辅助配色，既缓冲了撞色的巨大反差，又增加了色彩的高级感。

图4-17 《吉云瑞气》系列作品之一 作者：单昊琛

该作品图案是动物纹样与云纹的结合，是对汉代漆器纹样进行的创新设计。在色彩运用中借鉴了汉代纹样的特点——汉代器物纹饰趋于简练大气、明快多变，色彩强调对比，有“素中见华美”的低调奢华感。

高纯度、高明度的色彩搭配也不少见。纯度通常是指色彩的鲜艳度。高纯度不同的色相不仅明度不同，纯度也不同。当高纯度色彩在画面约占70%以上，就形成高纯度基调，色相感强，色彩鲜艳，形象清晰，具有视觉冲击力。根据明度色标，7°~10°的色彩称为高调色，也称高明度色。色彩间明度差别的大小决定明度对比的强弱。高纯度、高明度的色彩搭配案例如图4-18所示。

图4-18 《欢快的陕北老汉》 作者：单昊琛

该作品图案设计灵感来源于延川布堆画，图案色彩多参考布堆画艳丽的色彩。布堆画的创造者大多是来自陕北农村的妇女，她们制作的饰品多以鲜艳的色彩来点缀室内家居、美化生活，也反映了劳动者质朴的艺术审美。

④流行色与品牌色彩的关系。流行色的出现是基于自我突破和相互模仿两方面心理因素的共同作用，色彩可以产生心理刺激，相同、连续、反复的刺激会使人对色彩的新鲜感减弱，甚至产生厌倦，这时新的欲望、新的追求、新的色彩就会产生。

成功的品牌企划应该有自己独有的一套配色体系，而在以开拓服饰、家居为主的丝织品品牌中，既要满足市场对流行色彩的需求，更要保持自我品牌色彩的高度识别性。

若想把握好流行色与品牌色彩的关系，则应当从两方面着手：其一是多色彩企划，在创造更多可能的同时，给予消费者更多选择；其二是塑造经典，从中国传统色彩文化中寻求出路。

4.2.2.2 实践课程

通过到企业调研参观以及和设计师、技术人员沟通，让学生从生产织造的角度体会图案设计和面料织造之间的重要关系，尤其针对不同的图案构成，了解织造过程中组织设计对图形的呈现，以及不同配色方案在设计转化过程中的调整。

2018年10月，西安美术学院服装系2016级图案班的学生在老师的带领下到雅士林集团进行为期一周的实习与实践，并分组到各个部门上岗实习，熟悉提花领带的生产流程。下面是本项目中2016级图案班的几位学生的“设计师笔记”，详细记录了校外实践课程的安排，以绘画与拼贴的方式形成了图文并茂的“实习笔记”。

设计师笔记1（作者：肖若华）

课程心得：在此次课程中，我们在老师的带领下到南方深入考察丝绸类博物馆，丰富的古代丝织品开阔了我们的视野，为我的创作提供了大量的灵感，与此同时，我也被古人的智慧所折服。在创作作品时，我们到雅士林集团了解丝织品的生产流程，为创作的实物转换积累实践知识。这次课程，让我深刻认知了作为一名设计师所应具备的基础素养，同时也不断完善自身设计审美的知识架构，扩宽了设计思维与设计视野。

创作手稿展示如图4-19所示。

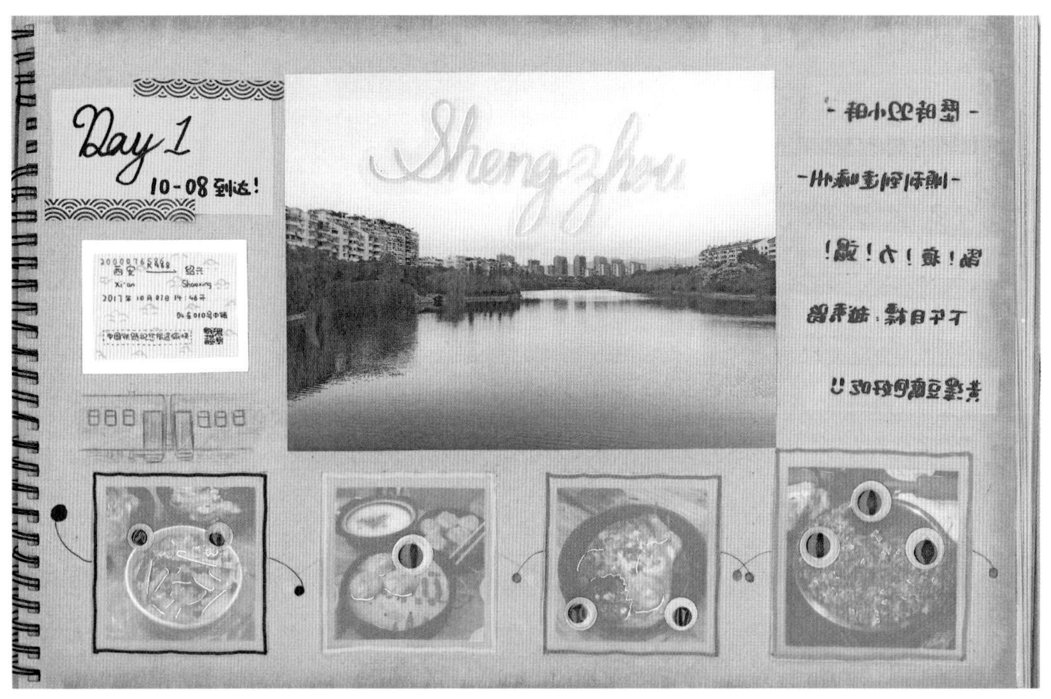

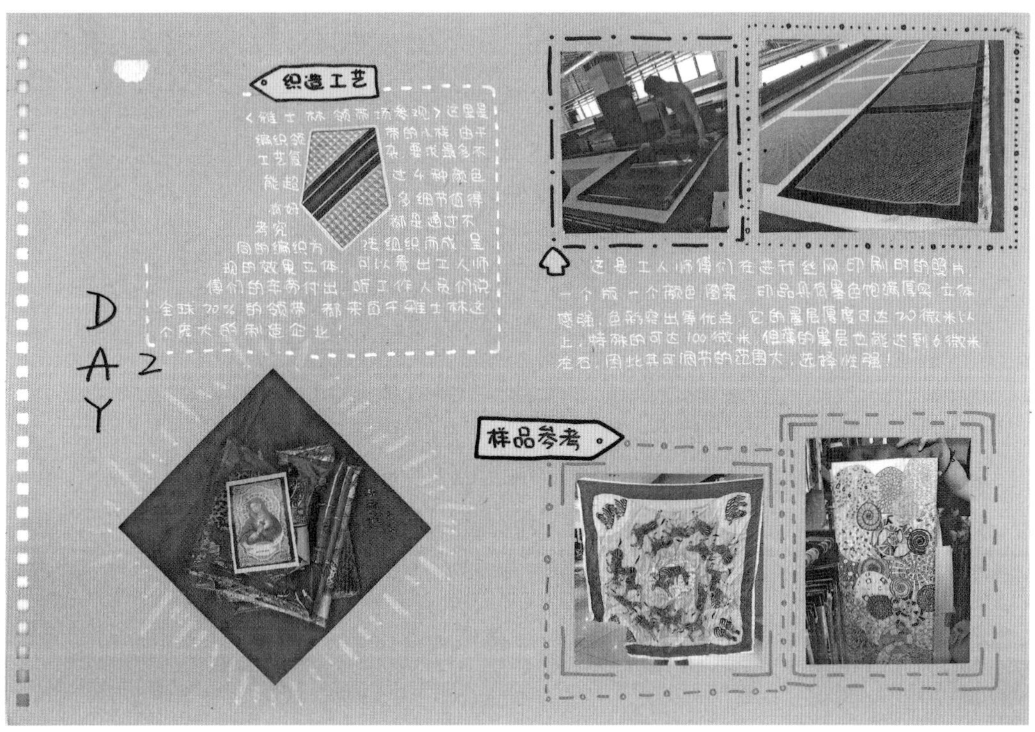

图4-19

工作流程
经纬线
DAY 3
裁片
衬衣
-制作流程-
切割
熨烫
折叠
这里是成品

-10.10 AM-
参观 YASHILIN领带厂D2
见识了众多大型机器. real壮观
下面的小机器应该是设置编织
纹理的.看来倒也不复杂
DAY4

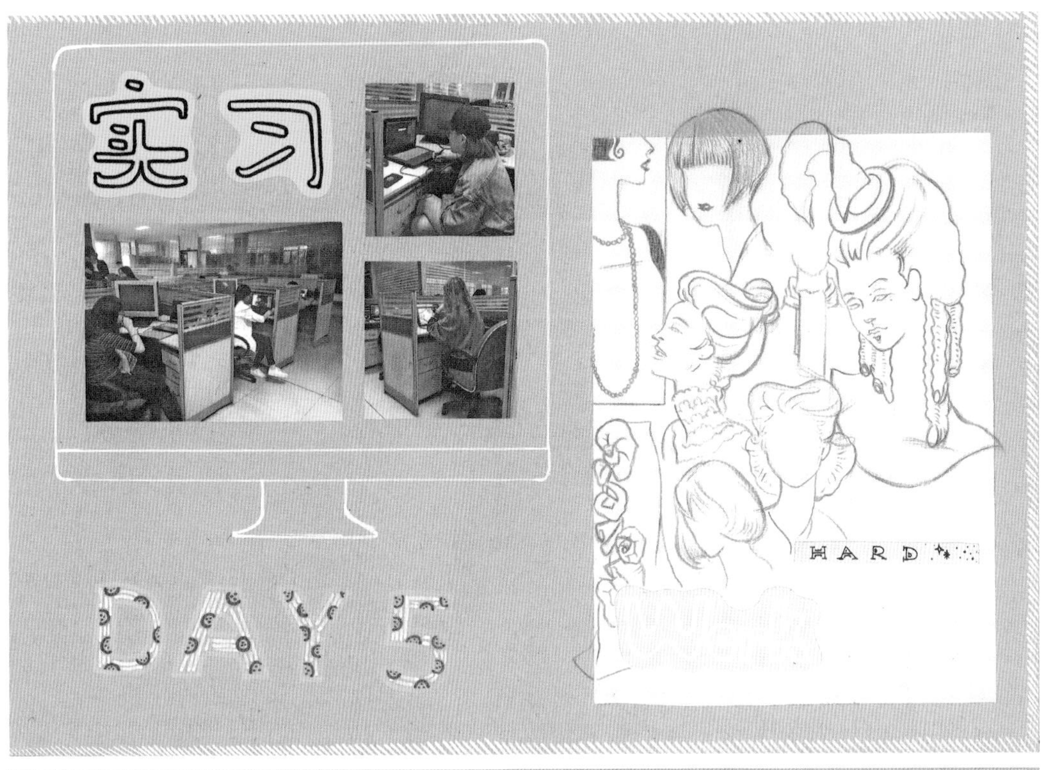

实习
HARD
DAY 5

案例
素材选取。
数码印染
马勺
底部花纹
装饰点缀
主题为陕西民俗，取材于中国现代马勺脸谱文化，源于陕西省宝鸡市凤翔县，马勺色彩绚丽，古朴淳厚，用于领带纹样，装饰性强！
织造
素材选取。
这条编织领带的主题为西美的礼物，主要取材，便是最具西美特色，随处可见的拴马桩，配合西美Logo的底纹，使图案更加丰富，绿色的印花与橙色的底纹搭配，显得更加年轻活泼，富有朝气！
方巾的主题同样是关于西美，配合领带的色调，由于个人喜欢蒸汽波风格，所以想融入一部分素材，但由于色彩过于艳丽，还在修改中···
方巾
素材选取。
DAY 6-7

图4-19

面料
柯桥
DAY 8
可以大体上
算是特殊面料吧
珊瑚绒
由于我们只有
半天时间，所以
也算是正好够
们可以用到的
面料～
Touch
中国轻纺城

微信(1)
搜索
欢迎光临中国美术学院!
-Day 9-
morning
西湖
night

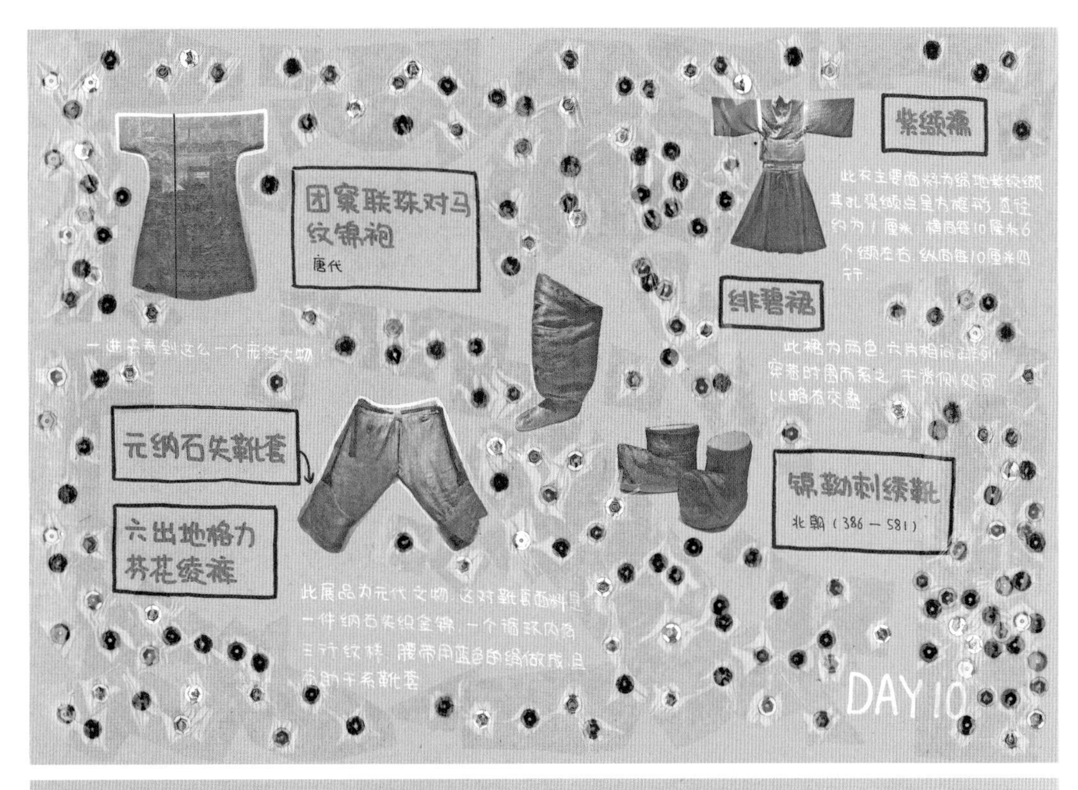
团窠联珠对马纹锦袍
唐代
紫缬襦
绯碧裙
元纳石失靴套
六出地格力芬花绫裤
锦勒刺绣靴
北朝（386－581）
DAY 10

外销白缎地彩绣人物伞
19世纪60－70年代
红色团花暗花绸旗服
黑缎彩绣对枝桃花纹褂
红地刺绣花卉旗服
三寸金莲
清末—民国初

图4-19

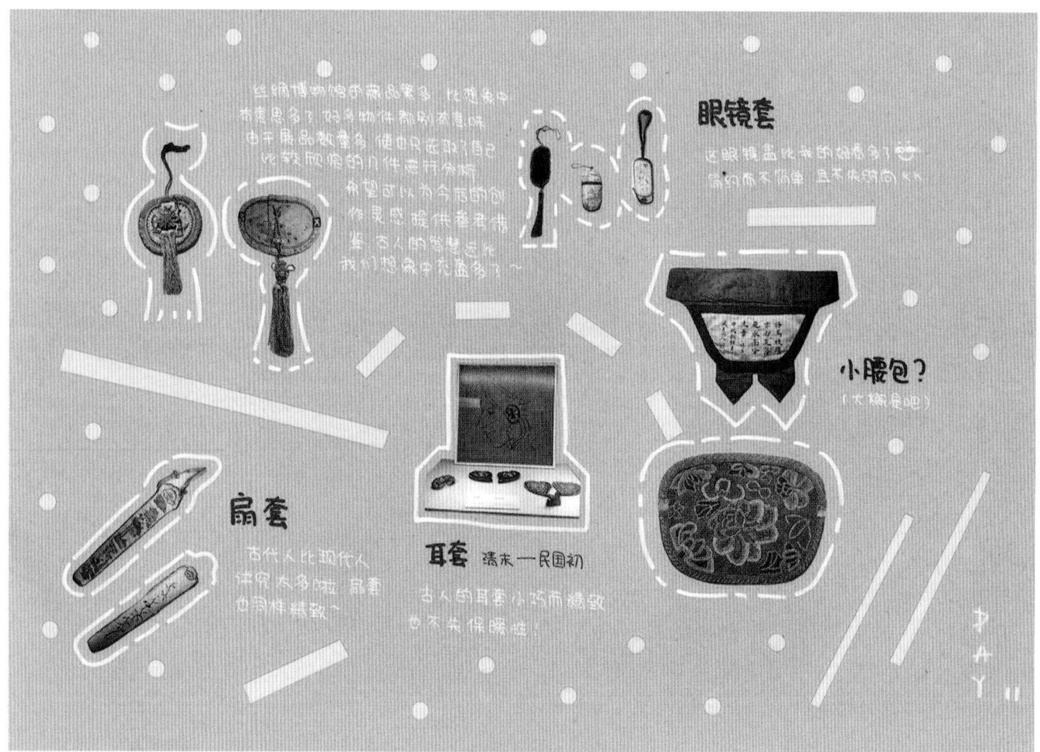

图4-19 学生创作手稿（作者：肖若华）

设计师笔记2（作者：轩彩娟）

课程心得：在本次课程中，我们到雅士林集团进行了实地观摩学习，全面深入了解了丝织领带的生产工艺，接触了雅士林集团为世界各地服饰品牌代加工生产的大量丝织领带产品，丰富了设计感受与设计思路，也激发了对领带设计的兴趣。在图案设计完成后，我们到柯桥面料市场挑选面料，同时也进一步意识到面料选择与设计之间的紧密关系。这一次的设计创作课程，让我深刻理解了设计的含义以及作为一名设计师应具备的素养，设计不能脱离实际，一个与当下生产力及资源配置相匹配的设计才是一个好的设计。

创作手稿展示如图4-20所示。

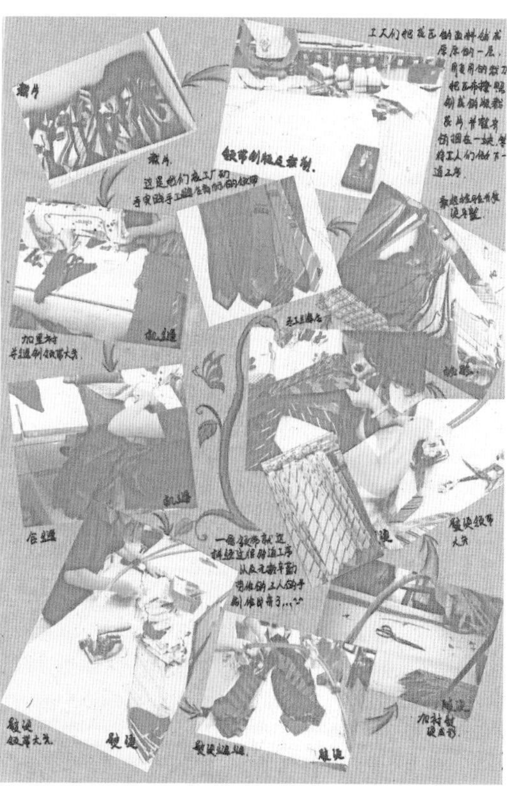

图4-20

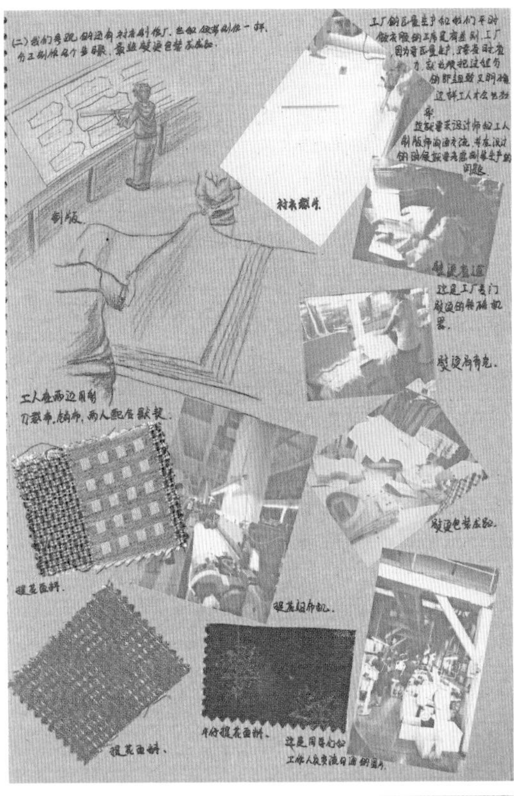

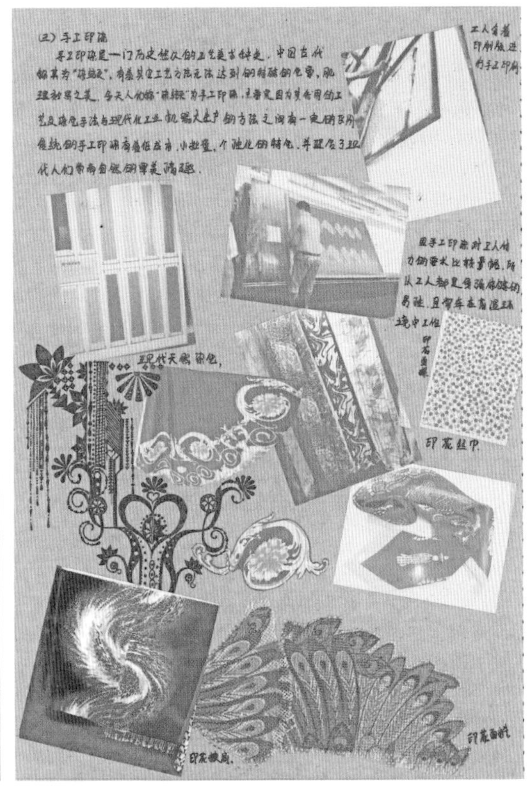

柯桥 面料市场

图4-20

图4-20　学生创作手稿（作者：轩彩娟）

设计师笔记3（作者：郑寅锴）

课程心得：在梁老师的图案课程中，外出的实践学习是一个主要环节，我们在外出学习时观摩了大量的丝织品文物，了解了古代丝织品的图案设计及其文化内涵。同时也在雅士林集团了解了大量现代丝织品的设计，并在柯桥面料市场接触到许多新型面料。通过这次的外出学习，为我的设计创作奠定了扎实的基础，让我能够更好地进行设计创作的实物转换。以前由于我没有深入了解相关生产技术，所以没有意识到将设计转化为实物的可行性。在这次的课程中，我学习了这方面的知识，使我的设计更加具有说服力。

创作手稿展示如图4-21所示。

出课篇
设计师笔记
DESIGNER NOTE
跋山涉水
绍兴·嵊州
Study
不是回家
不是回家
是去学习!
越是故乡名

这是最后一天的好天气
午后
设计师
NOTE
夜
NIGHT

设计师笔记
Desinger Note
织布机
印染中的半成品
手工印染

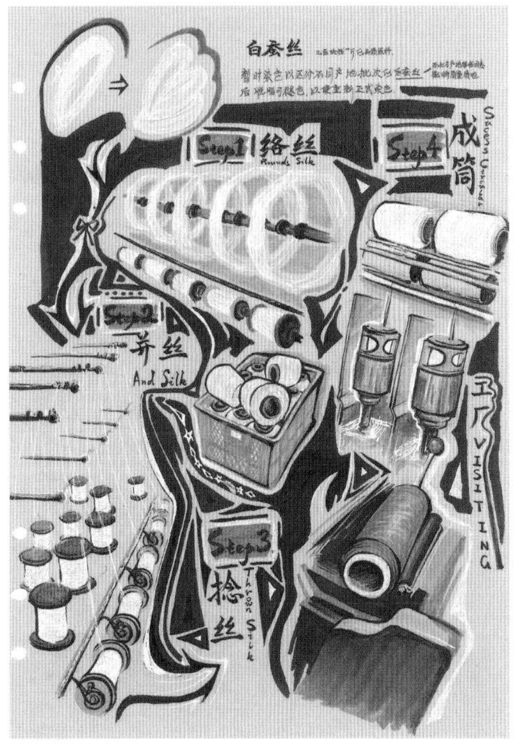
白蚕丝
Step1 络丝
Step4 成筒
Step2 并丝
And Silk
Step3 捻丝
工厂VISITING

图4-21

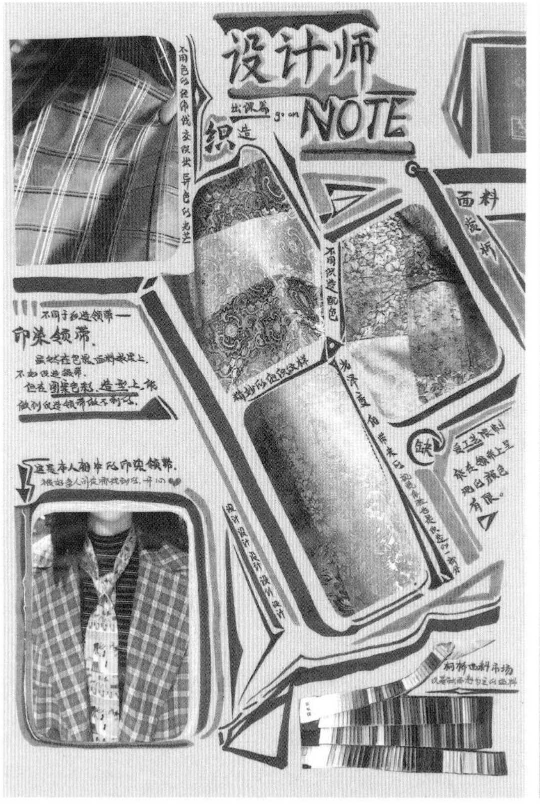
设计师
出课篇 go on
NOTE
织造
面料
印染领带

设计师笔记 出课篇
Designer Note
企业
老师
学生
雅士林
YASHILIN
出课
第一步
参观
企业
发展

织
出课之丝绸博物馆
SILK
シルク
桑
丝
SILK
シルク
绣
丝绸 SILK シルク 丝绸 SILK

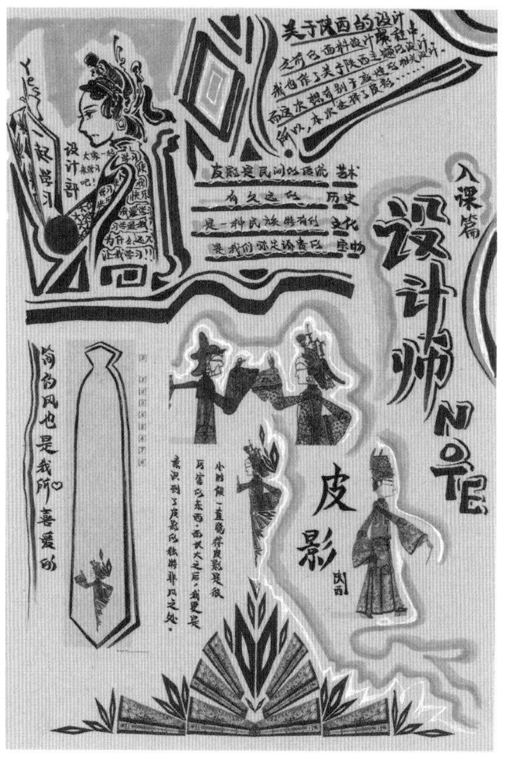
关于陕西的设计
入课篇
设计师
NOTE
皮影

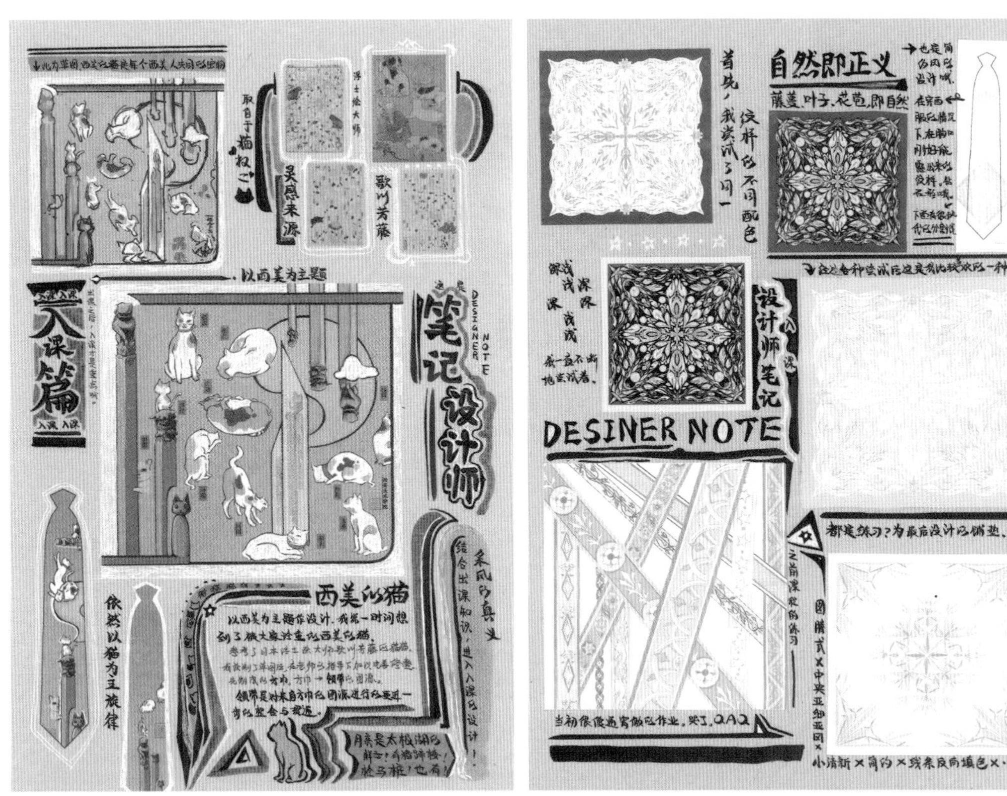

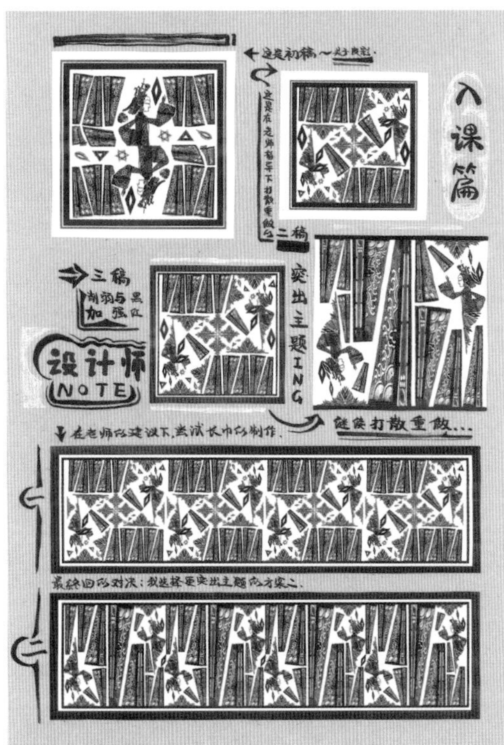

图4-21 学生创作手稿（作者：郑寅锴）

设计师笔记4（作者：简雪云）

课程心得：这次的课程，老师带我们到雅士林集团实地学习。在雅士林集团我接触了大量现代的丝织品设计，观摩了领带的生产流程，这使我对当下丝织品的生产技术有了较为全面的认知。结合在柯桥面料市场的考察，我意识到自己以往设计中所存在的一些不贴合实际的设计构思。这次的外出学习让我了解了丝织品的文化溯源与领带的历史文化，有利于提高自身设计的文化底蕴，更好地将传统艺术元素与当代设计审美结合。

创作手稿展示如图4–22所示。

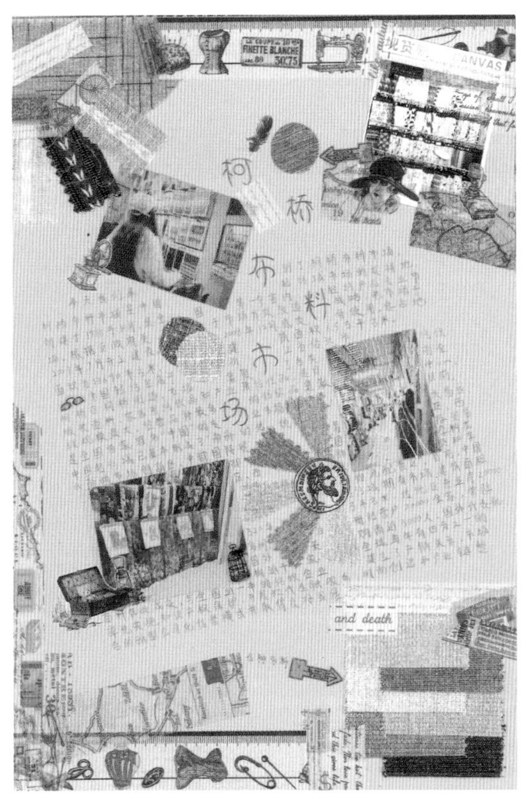

图4-22

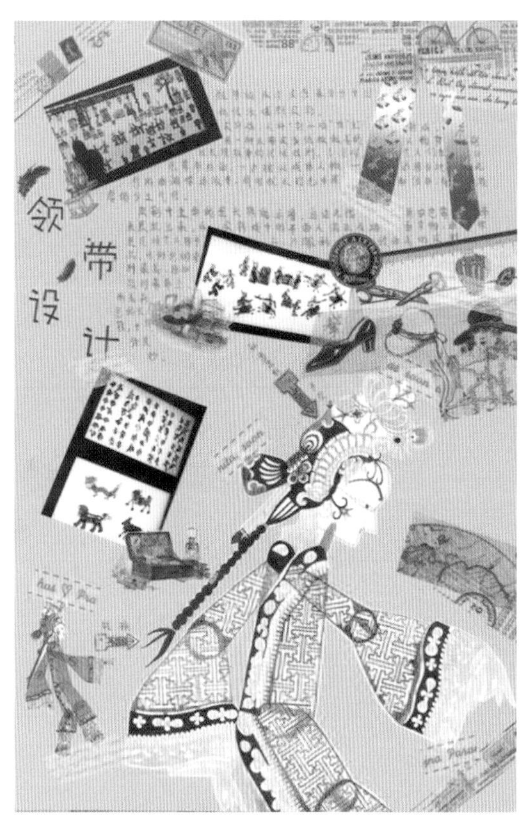

图4-22 学生创作手稿（作者：简雪云）

课程小结：这次课程，通过带领学生进行实地考察学习，从历史文物到当代设计，从国内设计到国外设计，使学生对丝织品有了相对深刻的认识，建立了一个相对全面的知识构架。尤其是在雅士林集团的学习与柯桥面料市场的实地考察，增强了学生将设计转化为实物的能力，避免了以往设计是设计、实物是实物，闭门造车的问题，使学生们的设计更加符合当代社会审美和实用的需求。这次课程为学生建立了一个较为完善的设计师成长体系，让他们清晰地意识到如何才能成为一名优秀的设计师，以及作为一名设计师需要具备的设计素养。在这次课程中，学生从理论学习到实战设计，再到设计理念的实物转化，整个过程力求将传统与现代结合。对学生而言，这是一个全面的训练，大大提高了自己的设计能力，使学生将个人的奇思妙想与现代艺术设计交融汇通，呈现出具有独特魅力的设计风格。

4.3 教学成果及作品分析

在西安美术学院雅士林实践教育基地开设的图案课程中，通过对陕西历史文化、民间民俗文化的考察与学习，让学生们有了深入的了解，然后学生们开始捕捉设计灵感，进行设计构思与草图的绘制，完成图案设计之后，在企业的实习实践过程中，学生们学习提花丝织品中的组织设计方法，最后对图案在服饰设计中的应用进行延伸设计。

下面以研究生王轶群作品《关中狮舞》为例，对基地图案课程中的学生设计过程进行梳理，并展示与分析课程的成果作品（表4-1）。

表4-1 《关中狮舞》设计过程

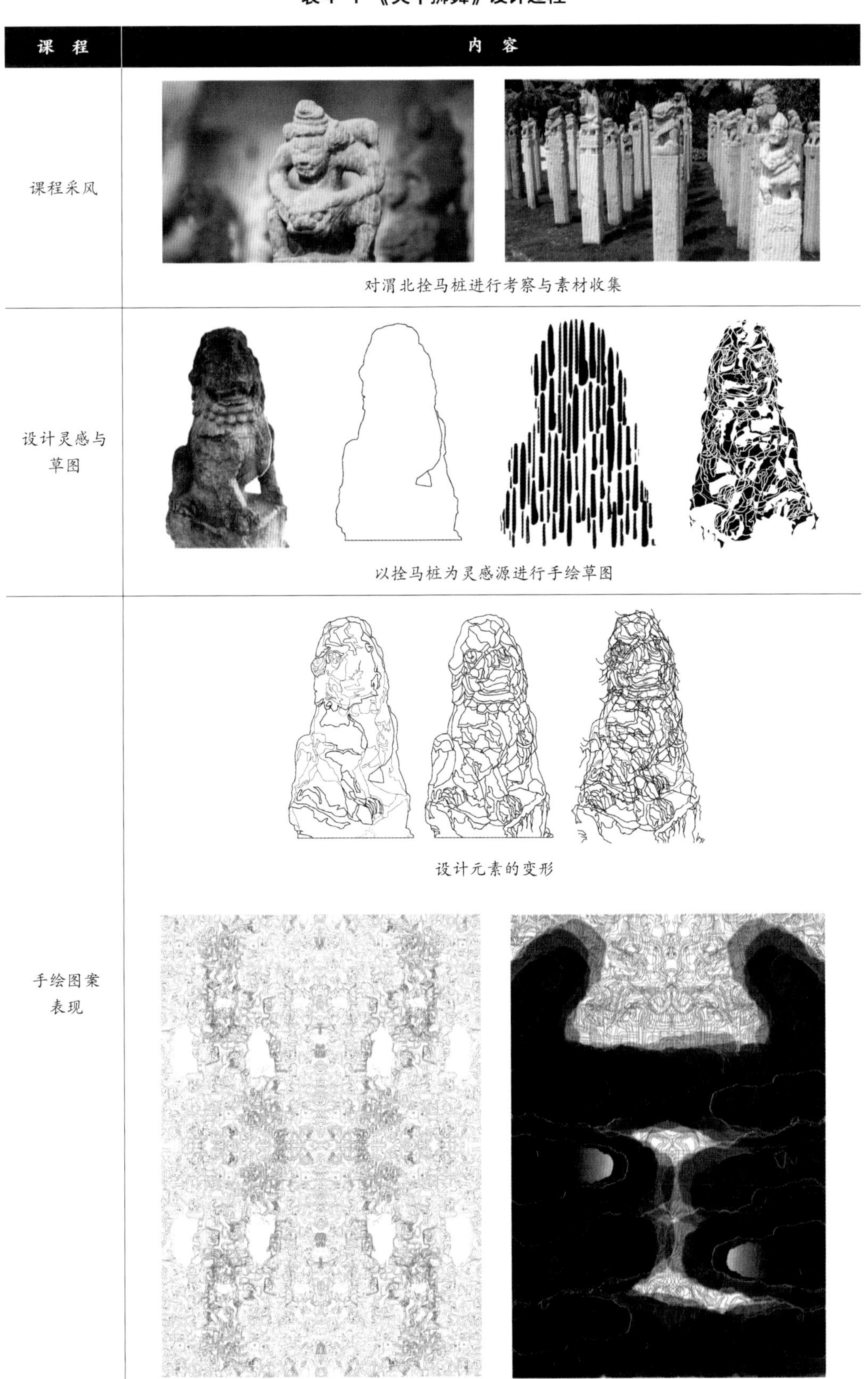

课　程	内　容
课程采风	对渭北拴马桩进行考察与素材收集
设计灵感与草图	以拴马桩为灵感源进行手绘草图
手绘图案表现	设计元素的变形

续表

课 程	内 容
手绘图案表现	 对手绘草图进行电脑处理得到的效果图
组织设计模拟效果图	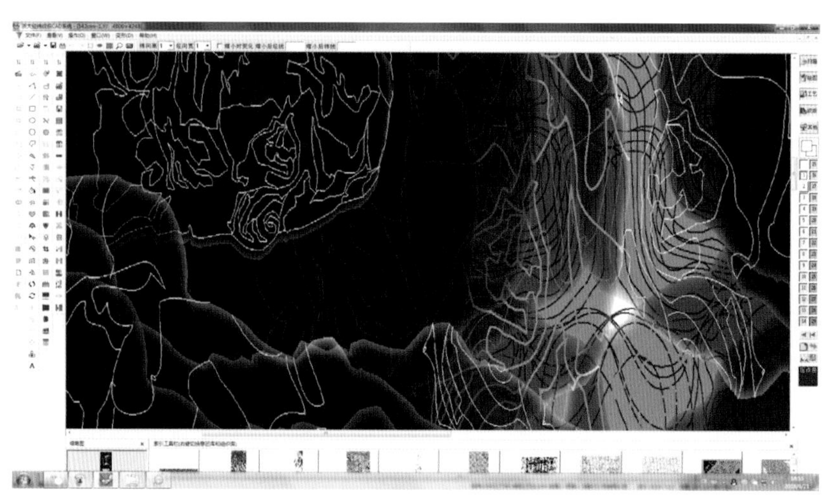 用电脑处理得到的模拟效果图 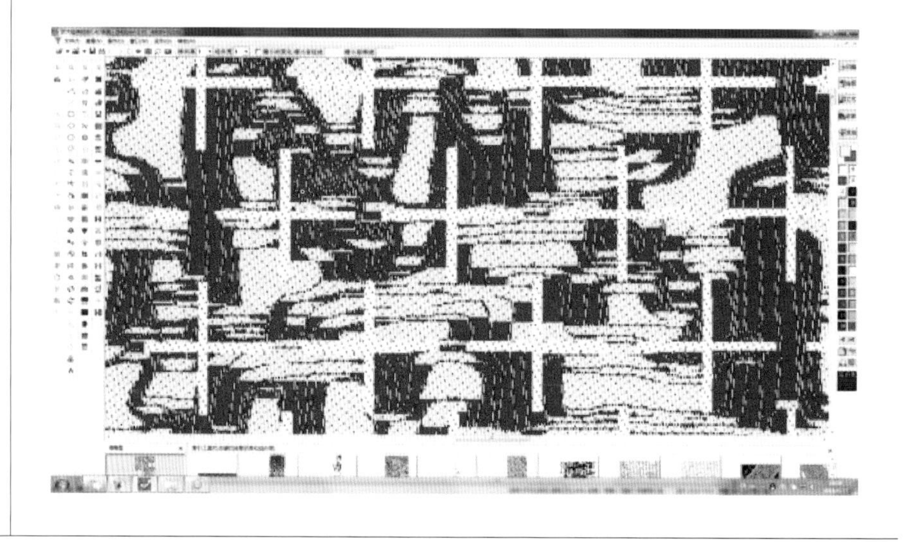

续表

课　程	内　容
组织设计 模拟效果图	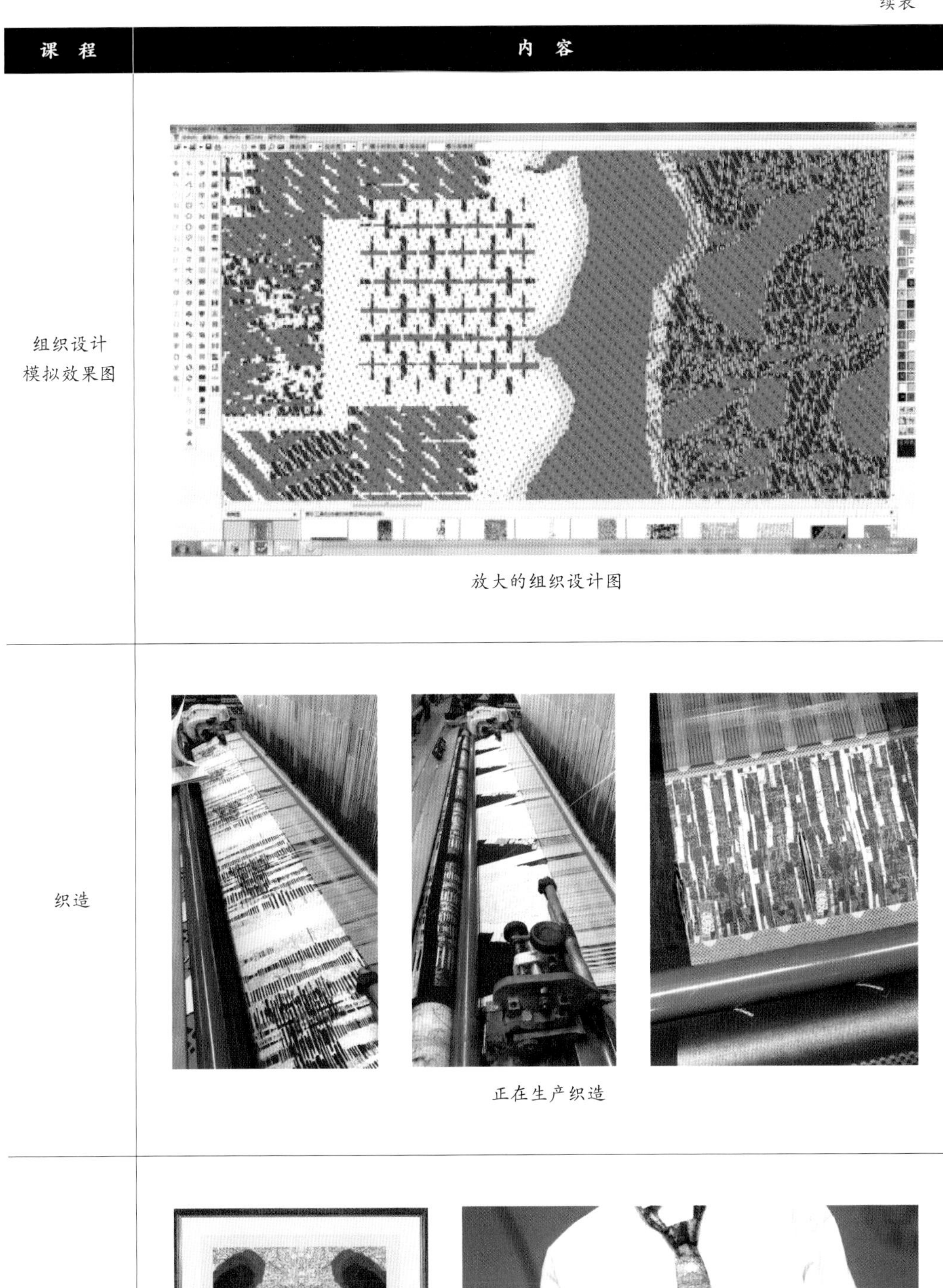 放大的组织设计图
织造	正在生产织造
成品展示	 图案在工艺品、服饰品中的应用

注　以上列表中的图片来自西安美术学院服装系2016级硕士研究生王轶群的设计作品《关中狮舞》，该作品荣获“中国领带名城杯”第十四届国际（嵊州）花型设计大赛特等奖。

4.3.1 图案设计与说明

在图案课程中，2016级图案班的25位学生创作了近50幅优秀作品，学生们通过对陕西历史文化资源与民间民俗美术的考察与学习，以传统文化元素为设计灵感来源，结合当下时尚流行趋势与市场需求，进行了图案的创新设计，其图案作品虽然不够成熟，但是在本科教育阶段中，能够以挖掘传统艺术为宗旨、以实用性为目的，在短期内完成这些优秀的图案设计作品，已经非常难得了。

这部分内容分为两个板块：一是学生的创作过程与设计分析，包括灵感来源的获取、设计手稿的表现及配色尝试等；二是图案作品与设计说明，包括学生图案创作作品的展示、设计灵感来源、设计手法及表达内容等。

4.3.1.1 学生创作过程与设计分析

在这个学习板块中呈现了学生们进行图案设计过程的构思，从设计灵感来源的选取，到设计过程中对一些图形的思考与调整，学生们不断摸索、尝试，从而对图案本身有了更深入的了解和认识，并且在不断地调整和修改的过程中，提高了自身对图案设计的审美意识。

案例1：《唐韵》系列的创作过程与设计分析（作者：李可欣，指导老师：梁曾华）

在对陕西历史博物馆进行采风考察的时候，一个以马为题材的主题展厅吸引了我。这个展厅分别呈现了不同历史时期与马相关的传说故事或者作品。我特别喜欢唐代绘画、雕塑中马的丰满的造型，所以在确定设计题材的时候毫不犹豫地选择了唐马，并且选取了唐代最具有代表性的宝相花纹，将其与不同形态的马组合在一起。

虽然设计构思简单，但真正实施起来却发现很有难度，例如组合宝相花纹与马的时候就遇到了困难，是用宝相花纹填满整个马的形体，还是仅仅将宝相花纹作为底纹？马是有大小变化还是等大？梁老师说，不同的组合方式有可能会对主题表达产生截然不同的影响，一定要多尝试不同的可能性，使最终的设计经得起考验。于是，我在一步一步的摸索中对组合方式渐渐找到感觉。同样在配色过程中，由于宝相花纹层次丰富，因此马的色彩就以单色表现为主，此外，因为一个偶然形成的图案，马的形态直接简化为线条，效果也很不错，心中不免有点“妙手偶得”的欣喜（图4-23）。最后交稿时，梁老师肯定了我的三个设计方案，但想起这个充满曲折的设计之路，心中不禁有种小小的成就感！

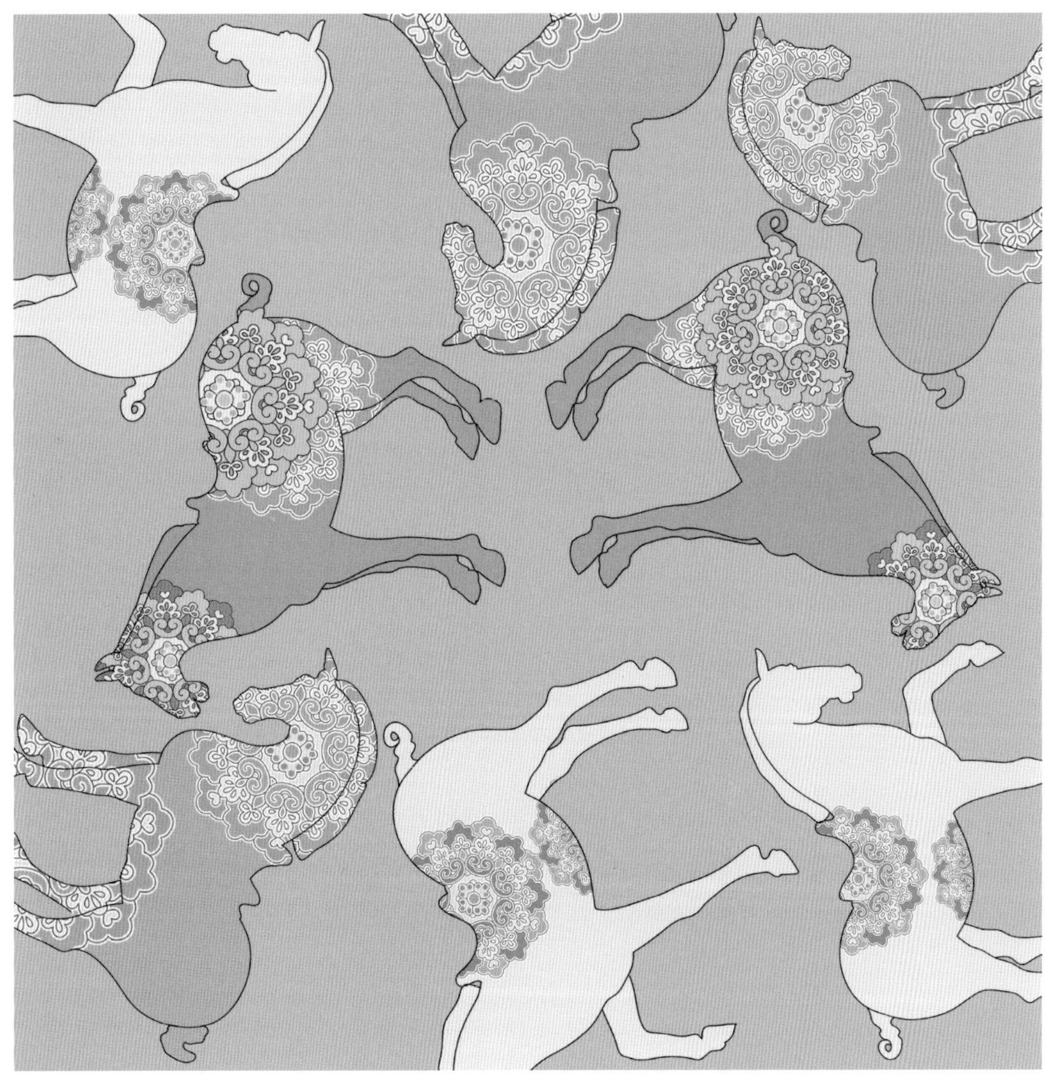

图4-23

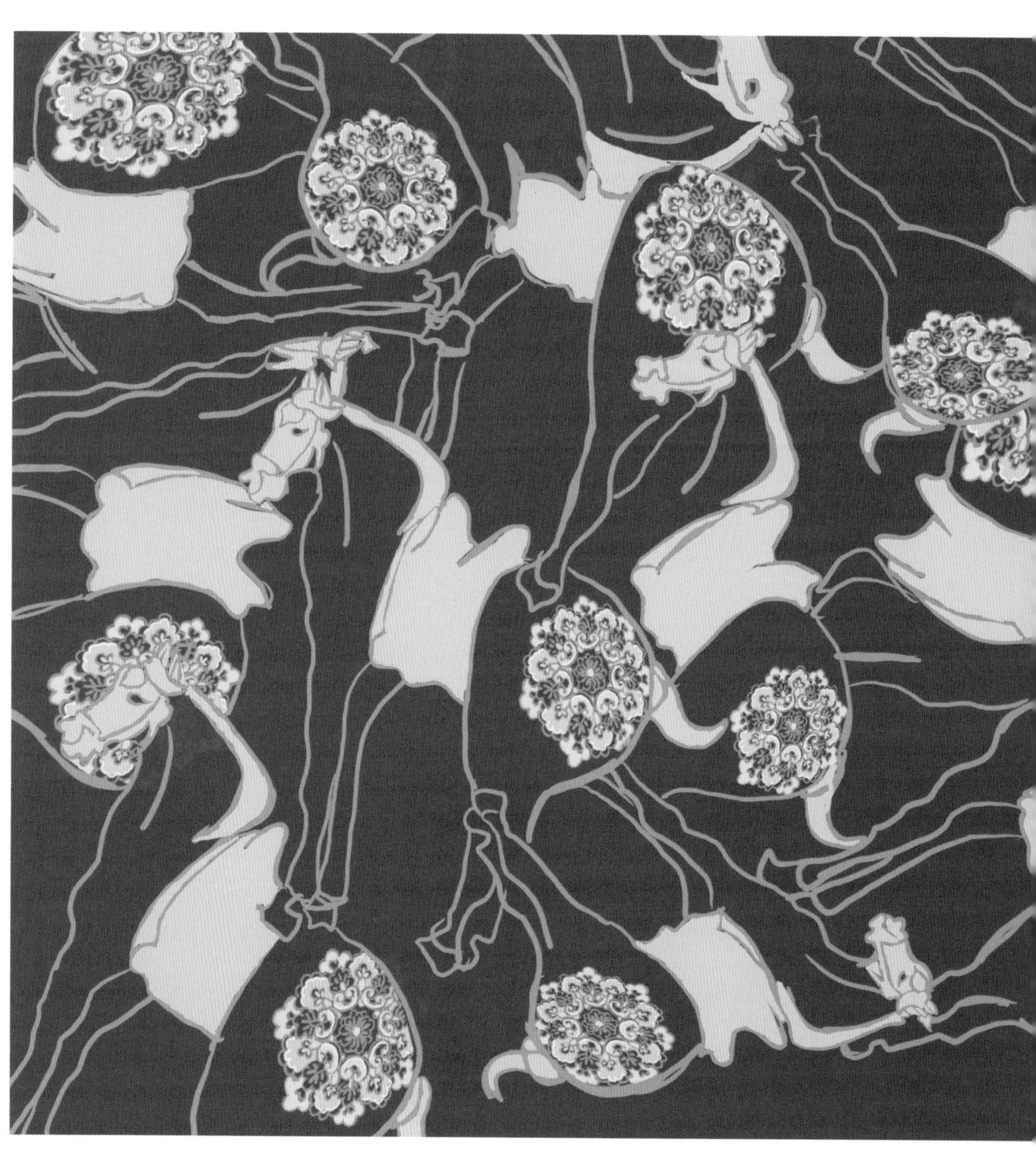

图4-23 《唐韵》系列设计过程图（作者：李可欣）

案例2：《兽面纹》系列的创作过程与设计分析（作者：刘晓娇）

参观宝鸡青铜器博物院的时候，我被3000多年前商周时期的青铜器文化深深震撼！在科技水平低下、生产劳动条件简陋的情况下，当时的劳动者竟然可以制造出如此精美、体型巨大的青铜器皿，真的是太了不起了！青铜器上的花纹不仅具有浓厚的宗教和政治意味，更具有“狞厉之美”！所以我选择了青铜器纹样作为设计素材。

首先，我以青铜器上最具代表性的饕餮纹（又称兽面纹）为元素，提取线稿，并通过大小转换、图形翻转等手法对线稿进行二次排列设计，使纹样在视觉上饱满起来。然后，我参考了二维码的图形设计，对线稿进行再次处理，在保留传统纹样形制的基础上，使图形具有现代感。最后，在色彩处理上，选取了青铜器的清冷之色，穿插填充亮黄色，使图案整体看起来轻松活泼些（图4-24）。

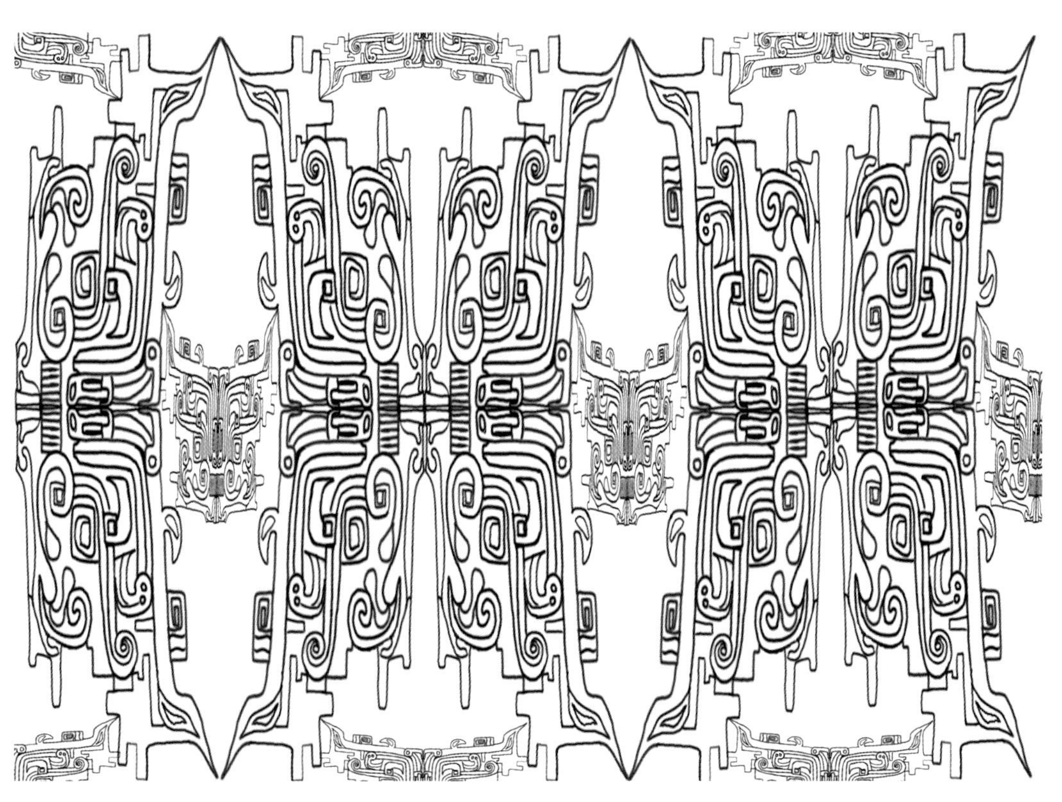

图4-24

图4-24 《兽面纹》设计过程图（作者：刘晓娇）

从设计构思到图案绘制的整个过程中，梁老师给了我非常多中肯的建议，例如对图形线稿的处理上，应避免对图案原型的过分保留，而应从现代审美的角度出发，对图案进行多次设计转化；色彩运用上，梁老师建议我选择与图形的直线性造型方式更为适合的冷色系，使我在图形设计中对青铜文化应用有了自己的观点和认知。

案例3：《童子送福》系列的创作过程与设计分析（作者：刘晓娇）

陕西省宝鸡市凤翔县的木版年画是中国传统民间年画的一大流派，在学校组织的下乡采风课程中，我们得以近距离地了解凤翔木版年画。年画为纯手工制作，不论是人物形象还是飞禽走兽，都是那么的古朴自然。在凤翔木版年画中，我选取了自己非常喜欢的送福纳祥童子画像作为图案设计的元素，并以年画中童子所着服饰的纹样作为辅助图形的填充纹样。

在设计过程中，我首先以年画中童子的形象为原型，绘制出头像，背景画了一块服饰纹样，在进行图案排列的时候，我不是非常明确组合的形式，例如，童子的脸在整体图案中所占的比例大小，位置如何？底纹如何设计运用才可以更好地突出主体人物形象？梁老师的研究生、我的学姐给了我一些建议，最终我选择以图形拼接的形式，让画面更放松一些。在图案的配色方案中，给童子的面部使用高明度的颜色，底纹则采用相对低明度、低纯度的颜色，这样画面的对比一下强烈起来，在对图形局部进行调整后，一副完整的图案就形成了（图4-25）。

虽然在之前的课程中，梁老师给我们讲过许多经典的传统图案，包括图案的造型与色彩搭配，但是我们缺乏实践。亲身经历了这次设计实战后，我对那些优秀的传统图案有了更深的认识，也非常感谢给我们认真指导的老师和学姐！

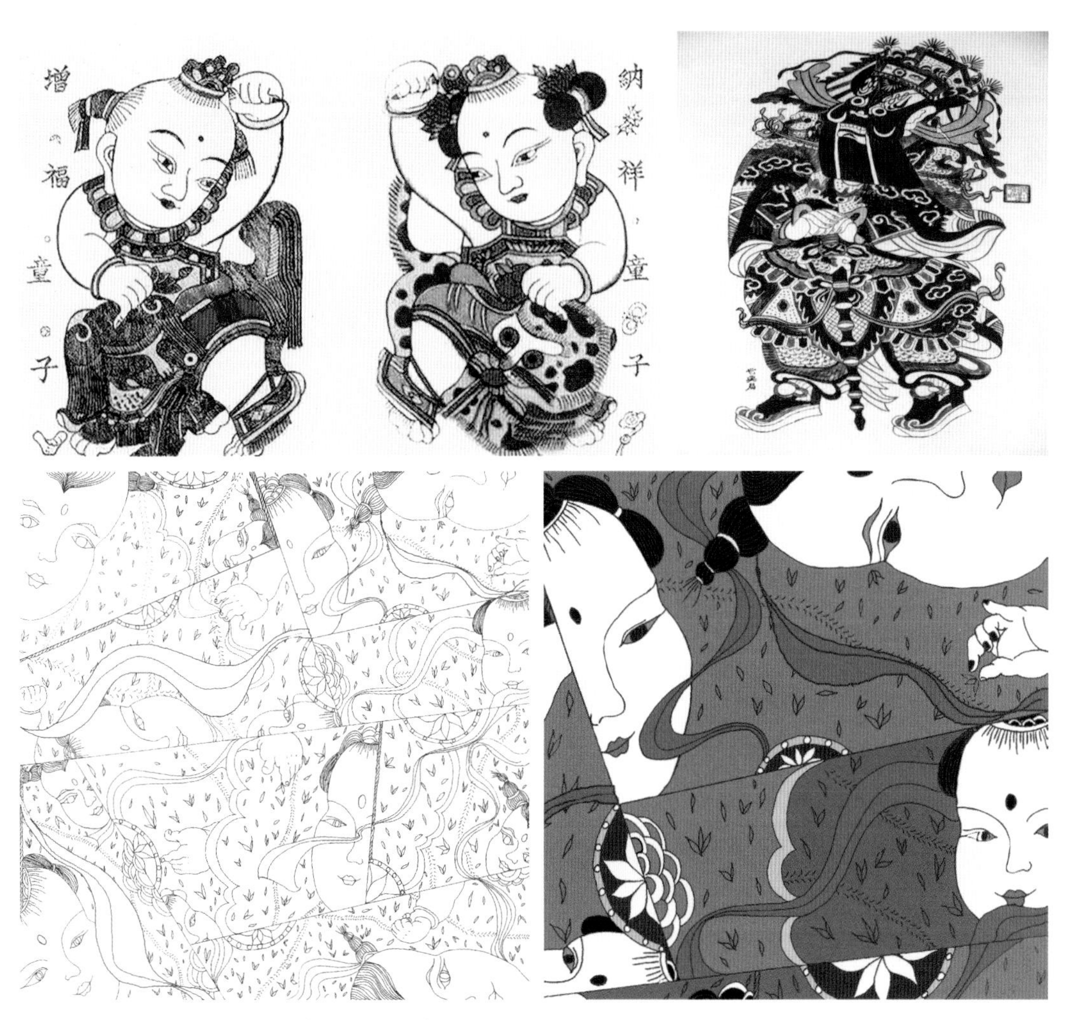

图4-25 《童子送福》设计过程图（作者：刘晓娇）

案例4：《影》系列的创作过程与设计分析（作者：高惠雯）

我是西安人，皮影艺术对于我而言并不陌生，可是我真正地走进它却是在我大二的图案课程考察期间。皮影是用来表演的道具，皮影戏结合了传统的器乐与唱腔，仿佛一台精彩的“歌舞剧”，虽然表演的很多内容我都没有听说过，但是当我走近艺人制作皮影的工作台的时候，却被深深吸引，皮影原是一张张处理好的驴皮，略有晶莹剔透之感，艺人使用刻刀雕琢后，再着色、组合，一个个活灵活现的形象跃然眼前。

我选取皮影作为设计来源后，又查找了许多关于皮影的资料，包括皮影起源的各种传说、历史故事。我最喜欢的是汉代妃子将梧桐树叶剪成各种小人，隔着窗户演戏的说法。其实皮影就像是会动的剪纸，剪的是厚且硬挺的驴皮或牛皮等，形象经过处理加工显得细致讲究。着了色的皮影在室内打光的窗户纸上表演，室外的人看到的是黑乎乎的影子在动，于是我把皮影图案改成黑灰两种色彩，并把不同的皮影人物图形叠加、错位摆放，就像是树影婆娑投在窗户上的样子（图4-26）。

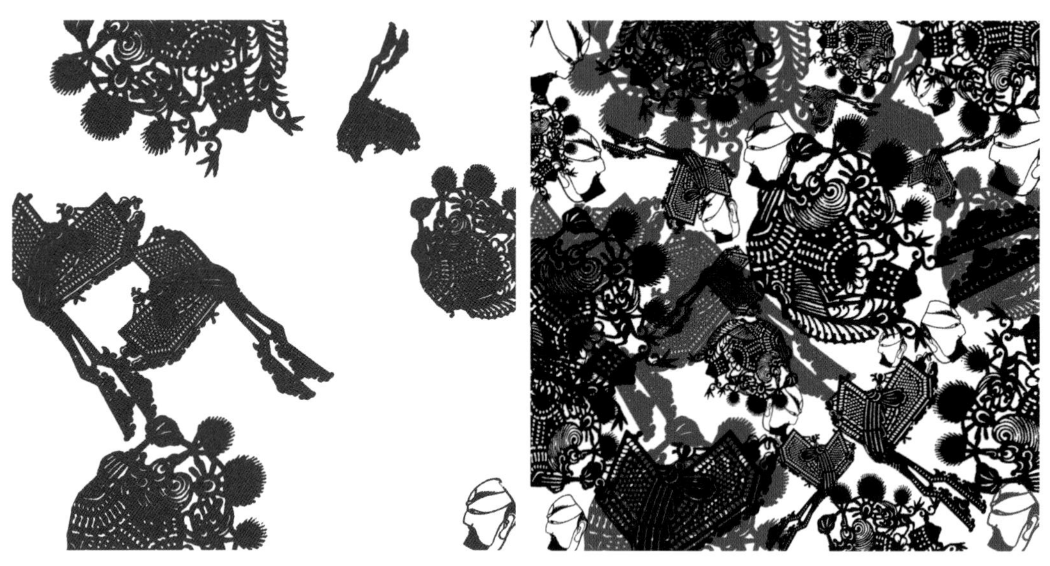

图4-26 《影子戏》设计过程图（作者：高慧雯）

图案设计稿完成后，梁老师建议我再增加一个灰色系，加强图案的层次感，这样调整后，图案效果确实好了很多。将自己感兴趣的皮影元素设计成图案，让我第一次体验到设计的成就感。

案例5：《纸·花》系列的创作过程与设计分析（作者：齐子瑜）

图案课程中有中国传统纹样赏析的内容，之前只是见过一些传统的吉祥图案，类似“五福”“如意”等，教学中梁老师给我们看了大量的中国传统图案，其中包括植物纹样、动物纹样以及古代丝织品或服饰的纹样等，原来中国传统文化中有如此丰富的纹样题材。在图案设计时，我选择了以中国传统的卷草纹为参考，希望设计出自己的植物纹饰。

在设计初期，我很难画出自己满意的卷草纹饰，梁老师建议我去看看唐代的卷草纹样，看枝叶是如何处理和表现的。在临摹了几大张唐代植物纹样后，我的感觉好了很多，在不断的尝试与修改中，画出了纹饰的单独纹样。将其扫描后做成了电子线稿，并尝试配色。这次我学聪明了，找了一个自己非常喜欢的图案，选取其中的配色方案进行参照，果然上色效果非常好。梁老师建议我明确自己的图案设计主题，尽量选取与主题表达相一致的配色方案（图4-27）。

最后的图案效果还不错，不过，我觉得最重要的是在这个过程中我学到了很多，每一分的付出都会有相应的回报。

图4-27 《纸·花》设计过程图（作者：齐子瑜）

案例6：《西美石狮》系列的创作过程与设计分析（作者：吴书豪）

此次创作选取的图案为西安美术学院石狮（简称西美石狮），在分析和使用其形象的基础上进行了新的创作。基于对西安美术学院文化（简称西美文化）的理解，选择了石狮的形象，这种传统图形本身就具有深厚的历史意义，希望借此弘扬传统文化，注重艺术作品精神层面的表达。在背景处理中引入西安美术学院LOGO的字体标识，既加强设计感，又有形象思维的运用。

因为自己擅长手绘，所以选择手绘这种方式进行创作，力求作品不仅具有写实的风格和特点，而且对图形内涵和寓意的表达更为深刻。因此，此次艺术作品再创作的过程，也是自身对西美文化理解不断加深的过程。通过分析图案的创作过程，使我对图案创作风格重新审视，从而做了部分调整（图4-28）。

从创意到构思，再到设计，真正实施起来发现不容易。在配色过程中，石狮为具象图案，色彩选择以同色系表现为主，背景填充黑色以增加厚重感，整合图形时设计了多个造型和配色，最终保留了两个版本。

图4-28 《西美石狮》系列设计手绘稿（作者：吴书豪）

案例7：《四神方阵》系列的创作过程与设计分析（作者：张钊）

通过参观陕西历史博物馆，我对汉朝四神瓦当的图式产生了极大的兴趣，其四神图式简单的线条组合给人尊贵、威仪、神秘、古朴的观感。我当即决定将其作为设计的题材。

在设计过程中，将四神瓦当的图式进行线描提取后，结合梁老师的指导，将四神图式结合现代设计思维进行了重新的解构设计，采用大量直线条对提取的图式进行设计，在保留其自身特点的同时，表现新的视觉效果，给人刚正、硬派的观感。之后通过翻转变换进行二次连续排列组合，使图案变得丰富饱满，采用九宫格式的构图，让图案看起来更加规整，严谨有序，以此突出四神图式的尊贵与威仪（图4-29）。

配色过程中，我刚开始总是习惯性地平均填色，整幅画面的色彩看起来非常不统一。后来梁老师建议我先选择其中一个图案元素进行配色，色彩控制在四种以内，再以这几种色彩为参考对其他图形配色，最后选取其中一种颜色作为填充大面积的底色。在经过尝试后，我对图案的配色渐渐地有了自己的心得感受。

在这个漫长又"痛苦"的过程中，我学到了很多，从对中国传统文化的认识，到对图案设计与配色，都有了更多的理解。

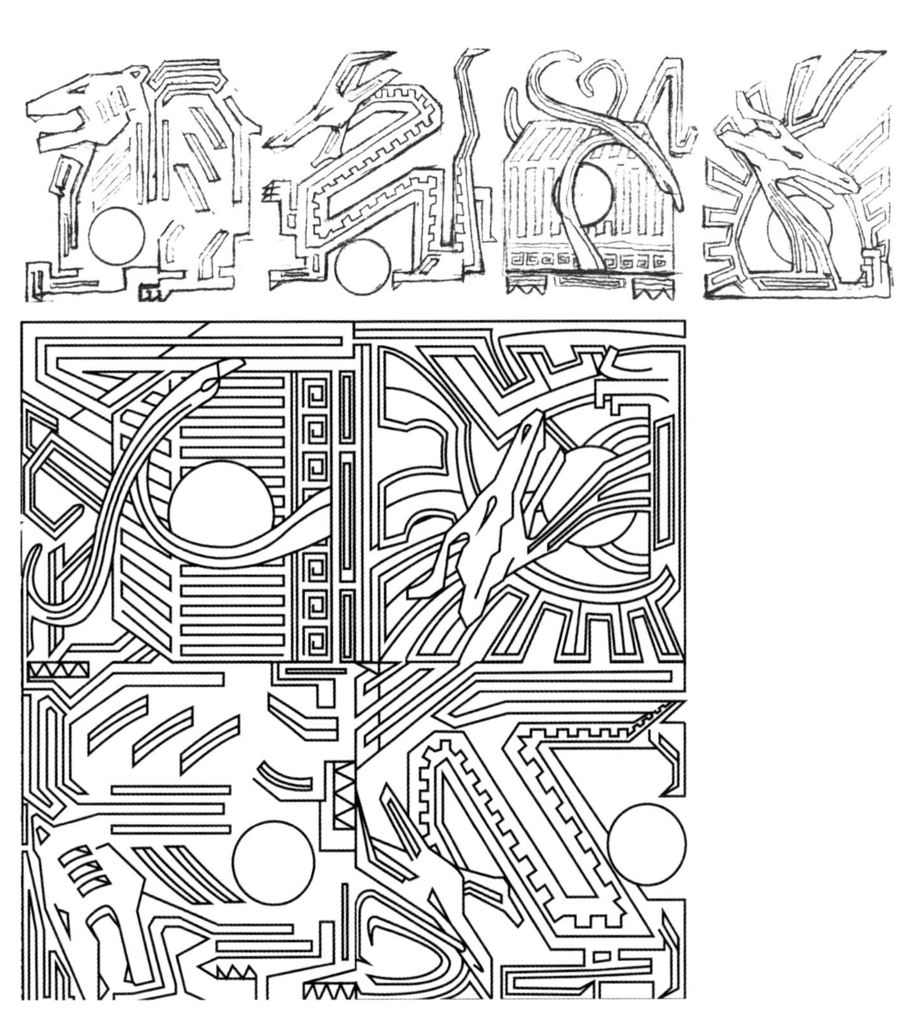

图4-29 《四神方阵》设计手绘稿（作者：张钊）

案例8:《器之纹》系列的创作过程与设计分析(作者:张瑜钊)

在宝鸡青铜器博物院,我见到了大量珍贵的青铜器,其所包含的青铜纹样与器型震撼了我,繁多的器型与纹样,有精致、有粗犷、有华美、有质朴,古人的智慧令我折服。在选取设计题材时,我直接选取了青铜器作为我的设计题材。

在设计时,为了更加突出古人的生产智慧,我在采用青铜器纹样的同时,又加入了传统陶罐与瓦罐的纹样,将其器型提取出来作为线稿,并融入青铜纹样。经梁老师的指导,我将提取出的器型进行大小变换、翻转变换后重新排列组合设计,并将其作为图案分区,将传统青铜纹样填充进去形成最终线稿效果(图4-30)。在整个设计过程中,注重将当代审美趣味融入设计中。在进行配色时,根据梁老师的建议,为了突出青铜器的质朴厚重又不失华美的艺术特点,做了黄灰色系、蓝色系、红灰色系与粉色系等四种配色方案。在配色方案完成后,感觉自己对关于传统元素的提取与设计有了新的体会。

图4-30

图4-30 《器之纹》系列设计手绘稿（作者：张瑜钊）

案例9：《兽面铜纹》系列的创作过程与设计分析（作者：李美琳）

在宝鸡青铜器博物院参观时，青铜纹样让我感到震撼，简单的图形，简易的线条，两者结合却能产生出如此质朴厚重的感觉，这是我在别的图案纹样中所感受不到的。因此，在选定设计题材时，我选择了博物院中最喜欢的一件青铜器进行设计。

在进行设计创作时，我对已选择的青铜纹样进行线稿提取，运用略带童趣与质朴感觉的线条构成图案，采用重叠、图形翻转的方式进行二次排列设计，增加图案之间的联系，使画面更加完整。并通过图案组合排列的疏密关系形成强烈的对比，以此来丰富画面，增加画面的节奏感（图4-31）。

在设计过程中，梁老师给了我很多指导，让我受益匪浅，解决了我许多困惑，例如在对原有青铜器进行线稿提取时，如何避开被当成青铜器摹版的雷区，如何对线稿进行取舍，如何将自己的设计感受融入线稿中。通过这次设计，让我了解了设计思路与图案在创作中怎样融合在一起。

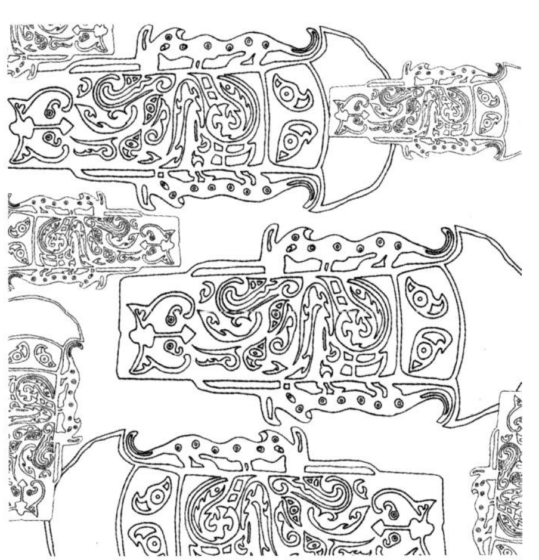

图4-31 《兽面铜纹》系列设计手绘稿（作者：李美琳）

案例10：《祥云瑞鹤》系列的创作过程与设计分析（作者：张婷）

在一次考察采风中我接触到了唐代木雕，其中一件以仙鹤为主要元素的木雕深深地吸引了我，其优美灵动的身姿让我着迷，亦让我明白了为何仙鹤在古代被人称为仙人饲养骑乘的仙禽。因此，在选定设计题材时我选择了唐代木雕中的仙鹤纹样，并将其与云纹结合进行组合设计。

在设计之初，因为有大量的参考图例，故我在进行仙鹤纹样创作时信心满满，但深入设计时，这一优势却禁锢了我的设计思路，无法跳脱。这样设计出的东西只能成为古代纹样的摹版，而不是我自己的设计作品。在这个时候，梁老师建议我去中国传统绘画中寻找更多的关于白鹤的绘画素材。我在图书馆找到了许多画鹤的中国传统绘画，例如唐代有名的大画家薛稷，他在生活中观摩了大量的白鹤，对鹤的神态完全了然于心，所以才能把鹤表现得惟妙惟肖。于是我参考绘画中的鹤的形象并进行设计，运用传统线描的手法将其表现出来，通过流云纹与祥云纹将整个画面连接起来成为一个整体。配色过程中，为了突出灵动这一特点，仙鹤纹与云纹采用最为透气的白色，仅仅鹤腿采用浅褐色、鹤顶采用红色，使画面有一种跳脱的感觉。底色通过渐变的蓝色使整个画面富于变化（图4-32）。图案设计完成后，感觉自己不管是在图案理解还是图形元素的处理上，都有很大的进步，梁老师也非常满意我最终完成的设计效果。

图4-32 《祥云瑞鹤》系列设计手绘稿（作者：张婷）

4.3.1.2 图案作品与设计说明

案例1：《唐韵》系列图案作品与设计说明（作者：李可欣，图4–33~图4–35）

图4-33 《唐韵》作品系列一（作者：李可欣）

设计说明：设计灵感来源于唐三彩与宝相花元素。以概括、重叠、四方连续等设计手法将唐三彩中马的轮廓形态和宝相花纹样相结合，将宝相花的图案置于马的尾部，将放大的宝相花图案作为画面的底纹，与马的形象形成前后对比，在配色方案上整体运用沉稳的红色、黄色与之融合，展现整幅画面虚实有度、和谐统一的视觉效果。

图4-34 《唐韵》作品系列二（作者：李可欣）

设计说明：将唐三彩中马的形象与宝相花形结合，整体画面简约大气，在设计手法上通过改变马的方向、配色进行再设计，画面整体活泼，富有动感。在配色方案上，运用大面积的橘色作为底色，将邻近色、对比色的配色方案运用其中，画面饱满、对比鲜明，线条流畅，极富现代感。

图4-35 《唐韵》作品系列三（作者：李可欣）

设计说明：此图主要以宝相花为灵感元素，运用轻松活泼的线条与之呼应，动静结合，对比强烈。在设计手法上，通过改变宝相花的形态大小、排列顺序进行再设计。在配色方案上，大胆运用明度较高的蓝色与黄色，对比鲜明，赋予传统图案活泼明朗的现代感。

案例2:《纹礼忘怀》图案作品与设计说明(作者:胡科闻,图4-36)

图4-36 《纹礼忘怀》作品(作者:胡科闻)

设计说明:这个图案设计是以周代青铜纹样为灵感来源,古代的礼仪制度对饮酒器有着非常严格的规定,所以在图案设计中力求表达出一种规矩感。主图形是青铜器的动物纹样,组成周代的爵的轮廓,背景以剪影的形式组成画面,以不同的青铜器纹样变化作为辅助图案。

案例3：**《皮影戏》图案作品与设计说明（作者：胡科闻，图4-37）**

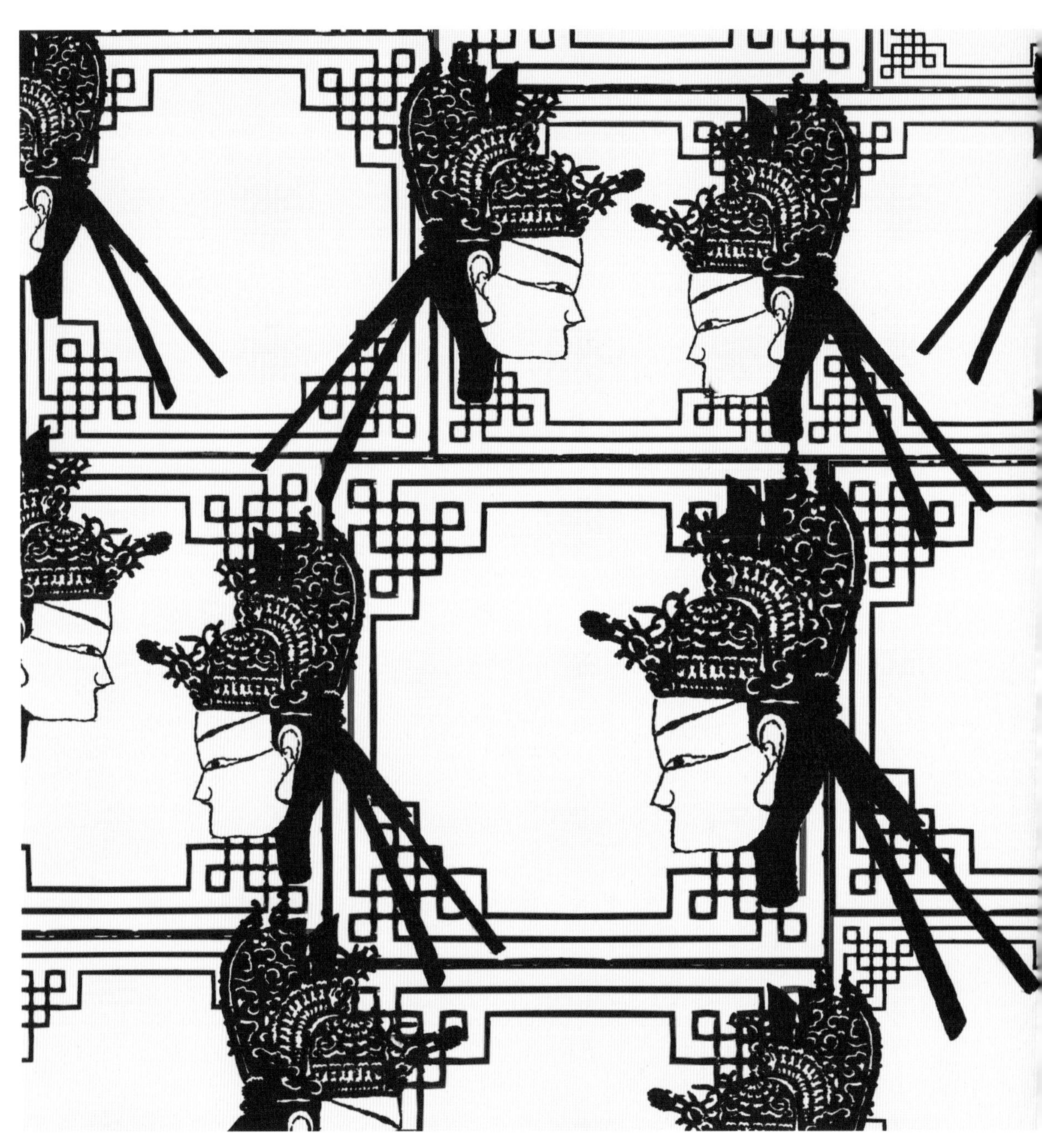

图4-37 《皮影戏》作品（作者：胡科闻）

设计说明：设计以陕西民俗中的剪纸艺术为主题，作品中独幅纹样则以陕西皮影中的人脸作为主要元素，通过剪纸的形式将皮影的人物形象设计成主图形，增添了画面的故事性；背景则以中国传统窗棂纹样进行四方连续排列，装饰趣味较浓。

案例4：《兽面纹》图案作品与设计说明（作者：刘晓娇，图4-38）

图4-38 《兽面纹》作品（作者：刘晓娇）

设计说明：设计灵感来源于周代兽面纹。在此次设计中，将周代兽面纹的廓型提取出来进行锯齿状转换，运用长短不一、形状各异的直线进行不规则的排列拼接，细看每个图案都有区别，使之最后的呈现效果类似于二维码，以此彰显作者创意的趣味性。在配色上，运用了青铜器本身的青色，在亮度、暗度与纯度上进行调整，形成一种类似于渐变色的组合，再通过少量黄色进行撞色，使整体图案效果不压抑，充满活力。

案例5：**《童子送福》图案作品与设计说明（作者：刘晓娇，图4-39）**

图4-39 《童子送福》作品（作者：刘晓娇）

设计说明：设计灵感来源于陕西省凤翔县的传统美术——凤翔木版年画。采用木版年画中最具代表性的童子年画，将其中童子的形象提取出来进行二次设计，通过大小转换、图形翻转的方式进行画面排列，作品借鉴凤翔木版年画的配色方案，将古版年画古朴自然的艺术风格展现出来。最终成品通过符合现代审美的画面切割形式与木板年画风格的搭配，展现传统与当代的交融。

案例6：《老汉与毛驴》图案作品与设计说明（作者：林慧婷，图4-40）

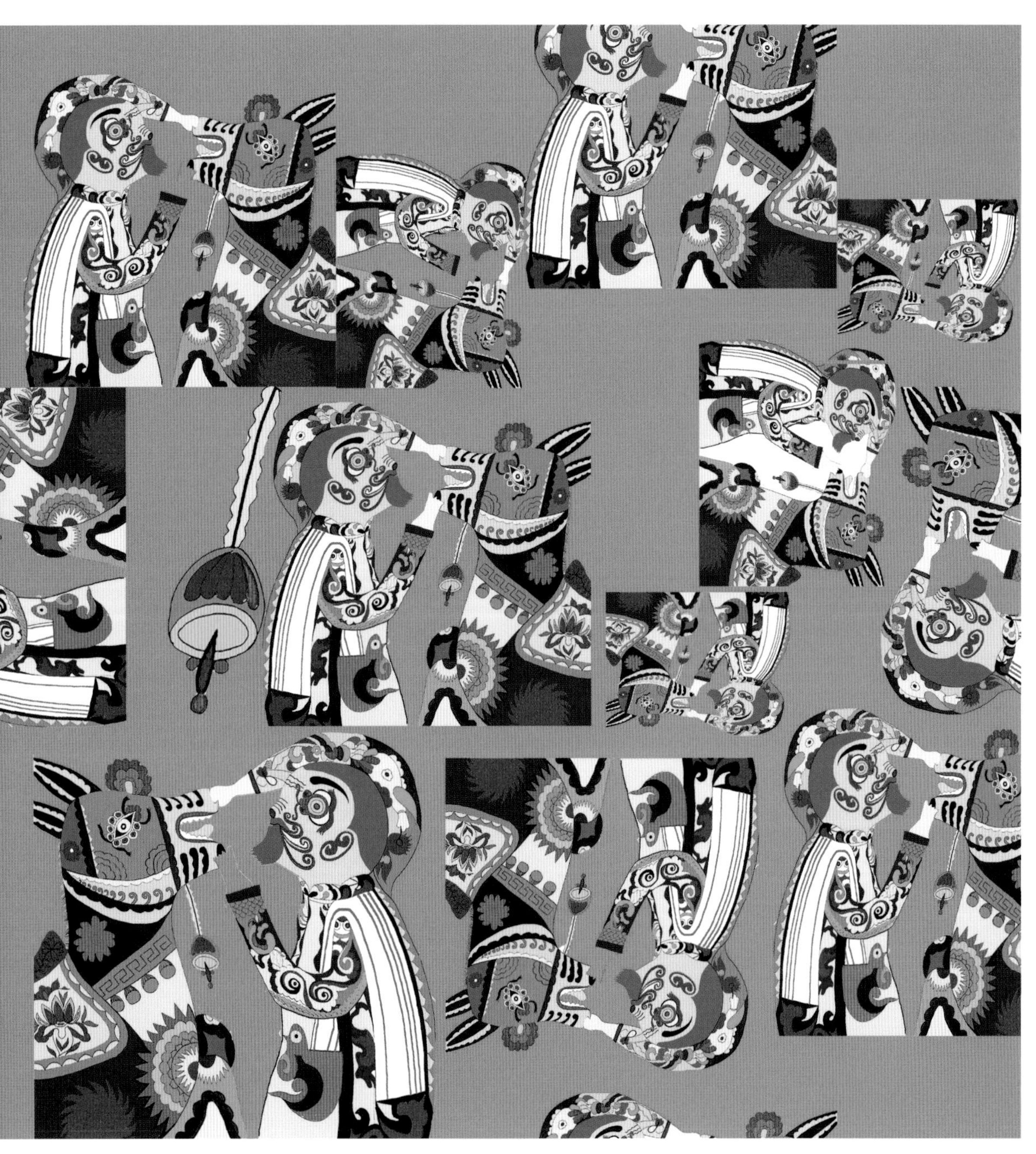

图4-40 《老汉与毛驴》作品（作者：林慧婷）

设计说明：设计灵感来源于陕北延川布堆画。选择的图形形象是一个典型的陕北老汉及毛驴，通过简练的线条进行轮廓的勾勒，并在轮廓内通过线条进行画面分区，采用民俗图案中的传统纹样进行填充，以此丰富画面的层次及节奏，使其既能够展现中国传统文化的精髓，又具备现代艺术风格的魅力。

案例7：**《唐纹》图案作品与设计说明（作者：林慧婷，图4-41）**

图4-41 《唐纹》作品（作者：林慧婷）

设计说明：设计灵感来源于敦煌图案。此设计从敦煌图案中提取具有代表性的唐代纹样，并通过切割、重构、组合排序等设计手法将提取的唐代纹样进行再设计，使作品集中国传统文化与现代艺术风格于一体；低纯度、低明度的色彩搭配，为图案增添了复古的气息。

案例8：**《纸·花》图案作品与设计说明（作者：齐子瑜，图4-42）**

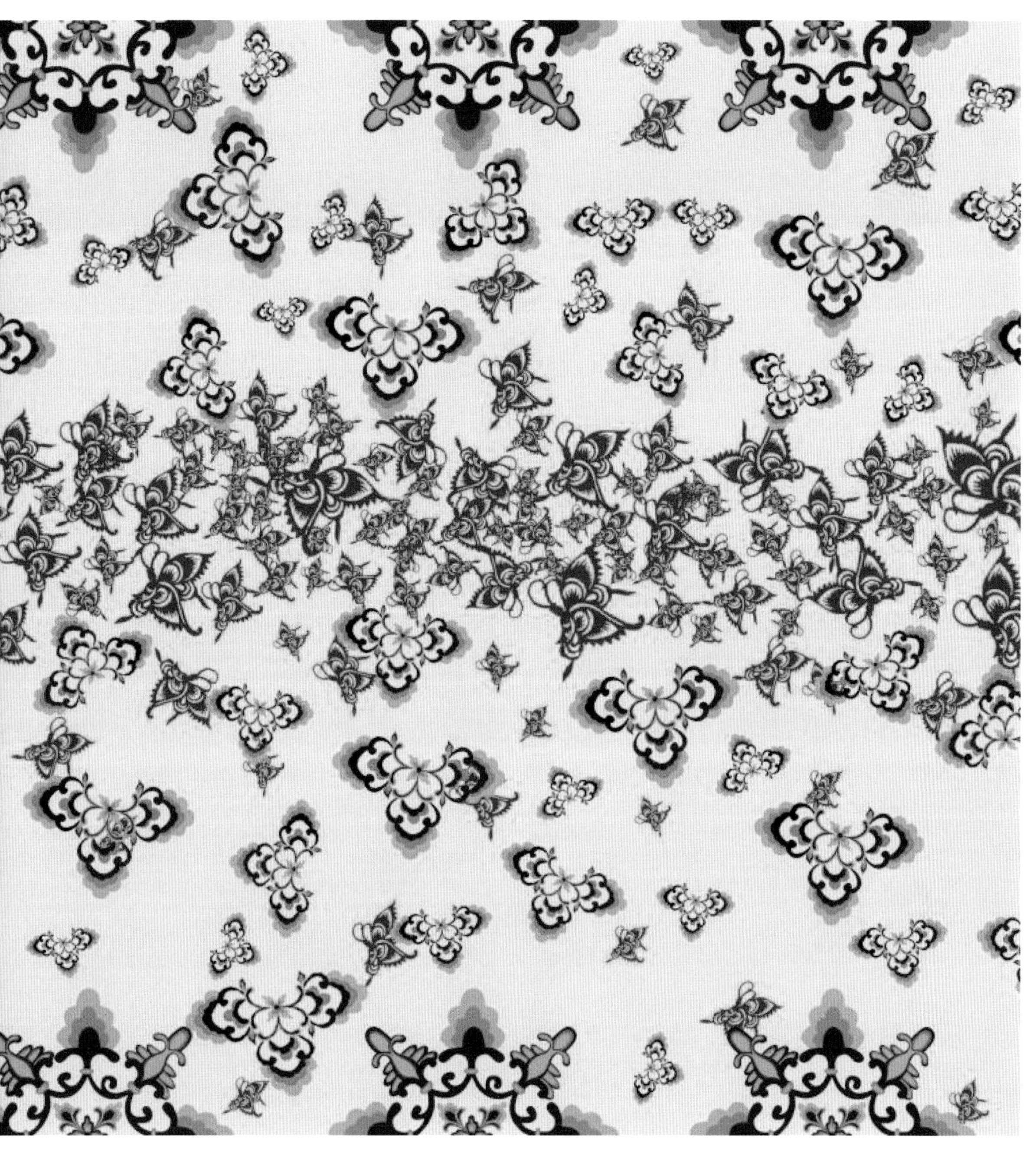

图4-42 《纸·花》作品（作者：齐子瑜）

设计说明：图案以唐代金银器物的花纹和民俗剪纸为灵感进行设计，基本图案采用盛开的花朵、花瓣、叶子以及蝴蝶为设计素材进行创作，按放射对称的规律重新组合形成装饰花纹。图案的中心是以红色的剪纸蝴蝶为主，两边有盛开的花朵和飘落的叶子，与蝴蝶相互呼应，以此来丰富画面，同时增强了画面的节奏和层次感。

案例9：**《黄河魂》图案作品与设计说明（作者：齐子瑜，图4-43）**

图4-43 《黄河魂》作品（作者：齐子瑜）

设计说明：本次设计以陕北延川民俗布堆画作品《黄河》（作者：冯山云）为原型进行设计。布堆画是具有广泛群众性和鲜明地域性的传统民间美术，其造型简练、概括、夸张，色彩鲜明、艳丽，根据这些特点，对画面人物进行塑造，运用四方连续的形式进行画面排列构成。以红、黄、蓝、绿为基本色调进行配色设计，使设计作品更加突出了布堆画这一传统民间艺术所具有的鲜明地域性。

案例10：《西美石狮》图案作品与设计说明（作者：吴书豪，图4-44、图4-45）

图4-44 《西美石狮》作品系列一（作者：吴书豪）

设计说明：西安美术学院拴马桩成林，拴马桩石雕是我国北方独有的民间石刻艺术品，不仅有装饰作用，同时还被赋予了辟邪镇宅的意义，设计图案使用写实手法表现，将石狮造型进行四方连续排列，结合立体的表现手法，以西美标志作为底纹，图案呈现出一种厚重、繁复的美。

图4-45 《西美石狮》作品系列二（作者：吴书豪）

设计说明：在此图案设计中改变了主体图形的排列方式，用石狮图形作为视觉中心，将其设计为单独纹样。主体图形采用黑白灰的配色，图案更为恢宏大气；背景则选用粉色的西美造型图案，严肃中带有活泼向上的精神力量，增强了画面的感染力。

案例11：《双龙交璧》图案作品与设计说明（作者：杨逸铭，图4-46）

图4-46 《双龙交璧》作品（作者：杨逸铭）

设计说明：设计灵感来源于汉代传统纹样，以汉代双龙交璧为设计素材，提取其中的双身龙及祥云纹样作为设计素材，并通过简化、分割、组合等一系列手法进行设计，在彰显古代龙形纹样经典韵味的同时融入了作者的设计理念；配色上采用蓝、黄、黑与橘色，通过撞色使图案具有鲜明的对比，将朋克风格糅进传统纹样当中，让经典纹样与现代色彩完美结合，从而产生别致的视觉效果。

案例12：**《娃哈哈》图案作品与设计说明（作者：张玉洁，图4-47）**

图4-47 《娃哈哈》作品（作者：张玉洁）

设计说明：设计灵感来源于陕北民俗作品——剪纸形式的抓髻娃娃。抓髻娃娃作为受惊驱鬼、辟邪招魂用的驱邪物，在陕北地区有祈福除病等好的寓意。在此次设计中，以红色的抓髻娃娃作为画面主体形象，将现代的一些食物元素可乐、汉堡、薯条、爆米花融入其中，并通过翻转、平铺的方式进行图案排列，以粉色、红色、褐色、黄色进行搭配，使两种文化强烈碰撞，产生美感。

案例13：**《繁花似锦》图案作品与设计说明（作者：张玉洁，图4-48）**

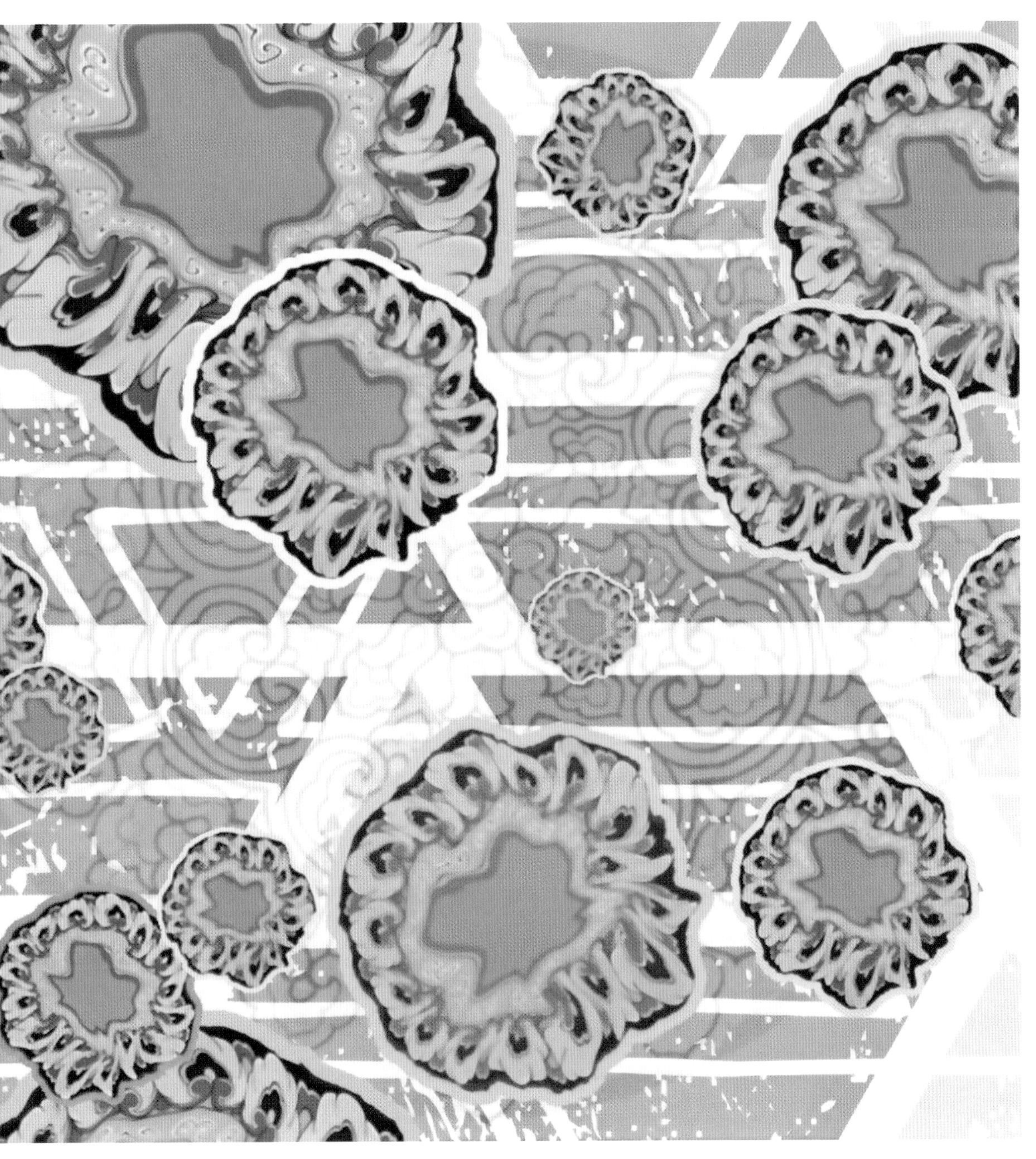

图4-48 《繁花似锦》作品（作者：张玉洁）

设计说明：设计灵感来源于唐代图案，通过对唐代图案进行提取变形从而展开设计。唐代图案花式复杂，款式严谨多样，给人一种富丽堂皇，非常繁荣的景象。作者通过对图案的变形，将元素进行分割、层叠，使整个画面更加丰富饱满，再采用高纯度的灰色为底，以少量的亮色进行点缀，这种配色设计使画面充满了趣味感，展现了青春、俏皮与活力。

案例14：《四神方阵》图案作品与设计说明（作者：张钊，图4-49）

图4-49 《四神方阵》作品（作者：张钊）

设计说明：设计灵感来自汉朝“四神瓦当”的图式，四神即青龙、白虎、朱雀、玄武，有驱邪除恶、镇宅吉祥的功用。单就图式而言，四神的形象充满生命力，具有生猛的头部、夸张的躯干。作者通过夸张四神造型，在设计纹样时注入一种机械感，使其与原本的图式进行对峙，通过对比鲜明的配色增强对峙的紧张感，画面展现出强大的生命力，表达了生命力作为一种本原的力量，永远充满无限的可能。

案例15：《影子戏》图案作品与设计说明（作者：张钊，图4-50）

图4-50 《影子戏》作品（作者：张钊）

设计说明：本图案设计以关中皮影为灵感来源，很好地表现了皮影的精神和动作，十分具有感染力。设计时，对传统皮影的造型进行提炼，并与鲜艳的色彩结合，注入新的时代元素，让皮影符号在当下社会得到新的延续与发展。设计手法上采用了重新组合、变形设计，希望传达一种对传统文化的现代化处理，力求得到更加轻松活泼的视觉效果。

案例16：**《民素》图案作品与设计说明（作者：黄诗棋，图4-51）**

图4-51 《民素》作品（作者：黄诗棋）

设计说明：设计灵感来源于陕北老艺术家——高凤莲的布堆画作品，图案设计的元素是高凤莲布堆画中的人物头部、头饰和一些动物坐骑，对其拆解再组合，运用构成原理，注重图案布局的疏密关系，加入布堆画的线条与夸张的图形，将象征民间艺术的图案与现代和谐的灰色调结合，体现了传统与现代的融合。

案例17：《秦器》图案作品与设计说明（作者：黄诗棋，图4-52）

图4-52 《秦器》作品（作者：黄诗棋）

设计说明：设计灵感来源于秦代的玉器与青铜器造型和纹样。将这些造型和纹样错落有致地进行排列，然后进行平面化处理，强化设计元素视觉上的比例关系。在色彩搭配上，使用了象征大秦帝国曾经灿烂辉煌的金银白三色，注重色彩面积与图形曲直变化的对比，使图案具有一定的韵律与节奏。

案例18：《器之纹》图案作品与设计说明（作者：张瑜钊，图4-53、图4-54）

图4-53 《器之纹》作品系列一（作者：张瑜钊）

设计说明：设计灵感来源于周代经典纹样。作者提取了周代的青铜器纹样、瓦当纹样、雷纹、回纹等具有代表性的纹样装饰，将它们打散重构，并运用到一些经典器型中，通过留白处理、器型变化设计和各种纹样的交叉运用，营造出一种韵律感、节奏感，从而达到一种在形式上的交流和共通。

图4-54 《器之纹》作品系列二（作者：张瑜钊）

设计说明：设计灵感来源于周代的青铜器纹样。在这次设计中，先对青铜器纹样与瓦当纹样中具有代表性的花纹进行提取，然后进行分割重构的设计，再将其纳入具有代表性的物样廓形中，通过反转、层叠的方式进行图案排列，最后运用灰色打底，以白色、红色线描勾勒，这种配色设计使整幅画面具有强烈的节奏感，并表现出深沉的历史文化底蕴。

案例19:**《礼·花》图案作品与设计说明(作者:林颖榕,图4-55)**

图4-55 《礼·花》作品(作者:林颖榕)

设计说明:设计灵感来源于周代青铜器纹样和民间剪纸艺术。通过对青铜器纹样及传统剪纸图案的局部提取,进行多次重新排列,在多种方案中选取出最满意的画面,再对画面进行现代元素的添加,并结合现代流行色进行配色设计,最终让作品始于传统,融入当代,将传统艺术变为时尚艺术。

案例20：**《红黄蓝之高氏哲学》图案作品与设计说明（作者：宋芃远，图4-56）**

图4-56 《红黄蓝之高氏哲学》作品（作者：宋芃远）

设计说明：设计灵感来自高凤莲的剪纸作品，其剪纸纹样不是对简单的自然形态的模仿，而是哲学层面的观物取象，具备一套相对完整的哲学体系与艺术造型体系。本次设计通过对提取的剪纸纹样进行反转、切割、排列组合，使最终的作品在具备着当代设计感的同时，又散发着中国民间艺术所特有的原始质朴的生命力。配色设计灵感来源于皮特·蒙德里安（Piet Mondrian）作品，力求作品融东西方审美于一体，既具有现代感又富有中国传统民间艺术气息。

案例21:**《金枝玉叶》图案作品与设计说明(作者:宋芃远,图4–57)**

图4-57 《金枝玉叶》作品(作者:宋芃远)

设计说明:该作品是在中国传统纺织图案的造型基础上,通过叠加图案,凸显图案的空间感,创造一种秩序与均衡。以静谧的蓝色为图案底色,以明黄色线条凸显银杏叶的造型,色彩单纯却充满视觉冲击力。

案例22:《吉庆福娃》图案作品与设计说明(作者:陈立丽,图4-58)

图4-58 《吉庆福娃》作品(作者:陈立丽)

设计说明:设计灵感来源于民间传统文化中的抓髻娃娃。通过对抓髻娃娃的不同形态进行归纳与总结,将其造型与配色作为设计的第一要素,采用四方连续的构成方法进行设计,在配色上选择明快的颜色与其呼应,在活化传统艺术的基础之上增强作品的时代感。

案例23：**《鹤》图案作品与设计说明（作者：陈立丽，图4-59）**

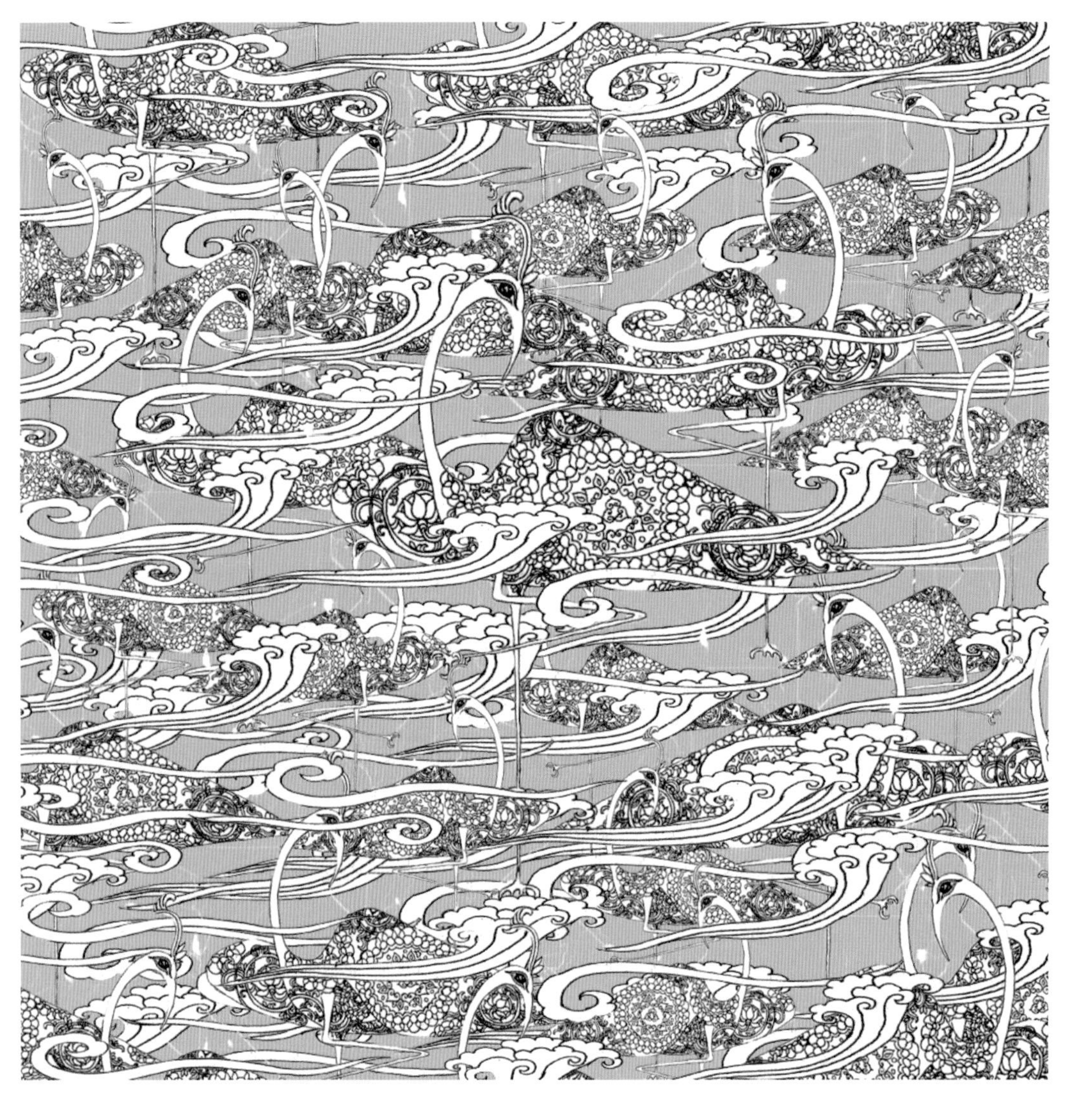

图4-59 《鹤》作品（作者：陈立丽）

设计说明：这个图案设计是以汉代流行的仙鹤图案为灵感来源。将仙鹤图案与祥云图案先进行线描提取，再将传统图案置于仙鹤翅膀位置，突出仙鹤的黑白关系，通过解构、重组、重叠等设计手法进行再设计，使整幅画面层叠有序，充满流动感，形成既现代又不失传统的图案创新设计。

案例24：《花花老汉》图案作品与设计说明（作者：单昊琛，图4-60）

图4-60 《花花老汉》作品（作者：单昊琛）

设计说明：设计灵感来源于延边布堆画。运用重叠、解构、分割、拼接的设计手法，将布堆画中劳动人民形象等元素进行再设计，在色彩上，抛弃灰色系，选用了纯度非常高的颜色，使画面更加强烈，将六张图案以不同形式拼贴在画面当中，从而使画面当中的元素更加丰富，更加具有民俗特色。

案例25：**《战猎图》图案作品与设计说明（作者：单昊琛，图4-61）**

图4-61 《战猎图》作品（作者：单昊琛）

设计说明：设计灵感来源于汉代的装饰纹样，运用重叠交错、线描的设计手法进行再设计，在配色方案上，整体以暗色为底色，用蓝色线描的纹样与底纹呼应，用明度较高的黄色、褐色进行点缀，画面整体层次丰富，空间感极强，既表现了现代时尚感又不失沉稳古拙的文化特色。

案例26：《俑乐图》图案作品与设计说明（作者：范紫薇，图4-62）

图4-62 《俑乐图》作品（作者：范紫薇）

设计说明：设计灵感来源于汉代人物俑，人物雕塑形象简洁、栩栩如生。使用漫画手法将人俑形态进行二次设计，加入一些现代典型生活元素，组成了具有时尚感的四方连续图案；在色彩上，以红绿撞色为主，抹茶绿配西瓜红更显清新，使沉重的古典人物蒙上现代色彩，不落俗套。

案例27：**《舞狮》图案作品与设计说明（作者：范紫薇，图4-63）**

图4-63 《舞狮》作品（作者：范紫薇）

设计说明：设计灵感来源于民间传统艺术形式“舞狮”，整体运用四方连续的设计手法，以不同形态的醒狮头和娃娃头作为基础元素进行二次设计，在色彩上剔除舞狮红红火火、五颜六色的设计，改为橙蓝两色进行搭配，赋予传统文化现代含义。

案例28：《龙珠在颌》图案作品与设计说明（作者：侯佳，图4-64）

图4-64 《龙珠在颌》作品（作者：侯佳）

设计说明：设计灵感来源于《通雅》、佛教文化等元素，以对称、乱中有序的设计理念对“龙珠在颌”以及佛教文化元素进行再设计，将“龙珠在颌”纹样作为画面的视觉中心，以佛、道教元素作为辅助形式分布于上下，形成乱中有序的视觉效果，在颜色上运用明度较低的色调，形成典雅古朴的设计风格。

案例29：**《团纹》图案作品与设计说明（作者：侯佳，图4-65）**

图4-65 《团纹》作品（作者：侯佳）

设计说明：宝相花作为中国古代传统装饰纹样，是伴随佛教盛行而流行的图案。本设计作品将中国传统图案中的多个圆形吉祥图案与宝相花图案组合在一起，经过大小疏密的排列，呈现一种繁花似锦的视觉感，配色方面没有选取宝相花历来鲜艳明亮的色彩，而是以黑白灰为主色，呈现一种厚重而深沉的美感。

案例30:《兽面铜纹》图案作品与设计说明(作者:李美琳,图4-66)

图4-66 《兽面铜纹》作品(作者:李美琳)

设计说明:设计灵感来源于周代青铜器上的纹样,以解构、穿插、重叠作为主要设计手法,将纹样反复变换重叠,意在表现宇宙间事事无绝对,一切万物应与时俱进理念。也借此图案呼吁大家注重传统,在发扬传统的同时不忘活化、发展传统。

案例31：**《火柴娃娃》图案作品与设计说明（作者：李文静，图4-67）**

图4-67 《火柴娃娃》作品（作者：李文静）

设计说明：本图案设计以传统剪纸图案中孩童的形象为主，进行四方连续排列，并通过大小变化来增强视觉的中心点。火柴图案作为一种现代元素出现，并呈不规则几何状排列，火柴短小的支干与圆形的头在画面中起到了平衡变化作用，使画面具有连续变化性，配以红绿的补色搭配，使画面有一种平静而相互依存的和谐美。

案例32：**《蝶恋花》图案作品与设计说明（作者：李文静，图4-68）**

图4-68 《蝶恋花》作品（作者：李文静）

设计说明：设计灵感来源于唐代经典的宝相花纹样，宝相是佛教徒对佛像的尊称，宝相花则是圣洁、端庄、美观的理想花形。本作品运用了虚实结合的设计手法，以蝴蝶的飞行形态为背景纹样，用宝相花纹样作为设计的视觉焦点，在发扬传统文化的同时赋予作品新的现代感和趣味性。此设计图将宝相花图案进行线描设计，通过四方连续的构成方式形成疏密有致的视觉效果。在配色方案上，将宝相花进行黑白处理后作为画面的背景，再用红色蝴蝶纹样进行点缀与之呼应，整体作品虚实有度，层次分明。

案例33：《影》图案作品与设计说明（作者：高惠雯，图4–69）

图4-69 《影》作品（作者：高惠雯）

设计说明：设计灵感来源于陕西皮影，运用简化的设计手法对陕西皮影人物造型的整体轮廓进行概括，线条优美生动、有力度，有势有韵，整体效果繁丽而不拖沓，简练而不空洞。本设计结合了皮影优美的轮廓和高级灰的配色，使图案优雅复古，展现了与传统皮影完全不同的气质，是一次传统与当代设计的碰撞。

案例34：**《生生不息》图案作品与设计说明（作者：高惠雯，图4-70）**

图4-70 《生生不息》作品（作者：高惠雯）

设计说明：以青铜纹样为设计灵感，先对青铜器进行线描处理再设计，然后调整图案的形态大小并进行排列组合，最终形成虚实结合的效果。配色运用了具有代表性的中国红，部分留白，疏密有度，虚实有致，在赋予传统精神内涵的同时又不失当代感。

案例35：**《趣玩青铜》图案作品与设计说明（作者：李昕怡，图4-71）**

图4-71 《趣玩青铜》作品（作者：李昕怡）

设计说明：选用青铜器的造型，运用解构重组的手法进行再设计，画面整体疏密有度，同时加入现代人物元素，使画面整体极具趣味，在表现传统纹样美感的同时，作者融合了当代的设计理念，以青铜器与宝相花纹样进行穿插，交错呈现。在配色方案上，大面积运用暖灰色，画面立体感较强，空间层次丰富，使传统青铜器的形态具有现代时尚感。

案例36：《为人民的艺术》图案作品与设计说明（作者：李昕怡，图4–72）

图4-72 《为人民的艺术》作品（作者：李昕怡）

设计说明：纵观历史发展脉络，结合陕西地缘文化，提取传统文化中西周青铜器、唐代宝相花元素进行转换设计并加入当代元素［如徐冰《英文方块字》《艺术为人民》与卡通《瑞克和莫蒂》（*Rick and Morty*）、《冒险时间》（*Adventure Time*）中的卡通人物形象］，构成和谐统一、灵动活泼、有趣搞怪的画面。画面主基调为灰色，辅以亮色的卡通人物，打破沉闷，生动可爱。图案呈现出空间感，从而增加了画面的细节与趣味性，对英文方块字的解构重组及线描宝相花的再设计使图案更有看点，也使得传统文化元素更加鲜活。

案例37：《汉纹》图案作品与设计说明（作者：耿紫薇，图4-73）

图4-73 《汉纹》作品（作者：耿紫薇）

设计说明：设计灵感来源于汉代铜铺首的造型设计以及上面的装饰纹样，采用重复、变形、简化等设计方法对其进行再创作，通过画面分割既丰富了空间层次，又增强了时尚感，在色彩搭配方面，以蓝、黄色系为主色，赋予作品静谧清冷亦不失活泼的视觉感受，使整幅设计作品诠释出中国传统的文化底蕴。

案例38：**《仕女图》图案作品与设计说明（作者：张庭瑄，图4-74、图4-75）**

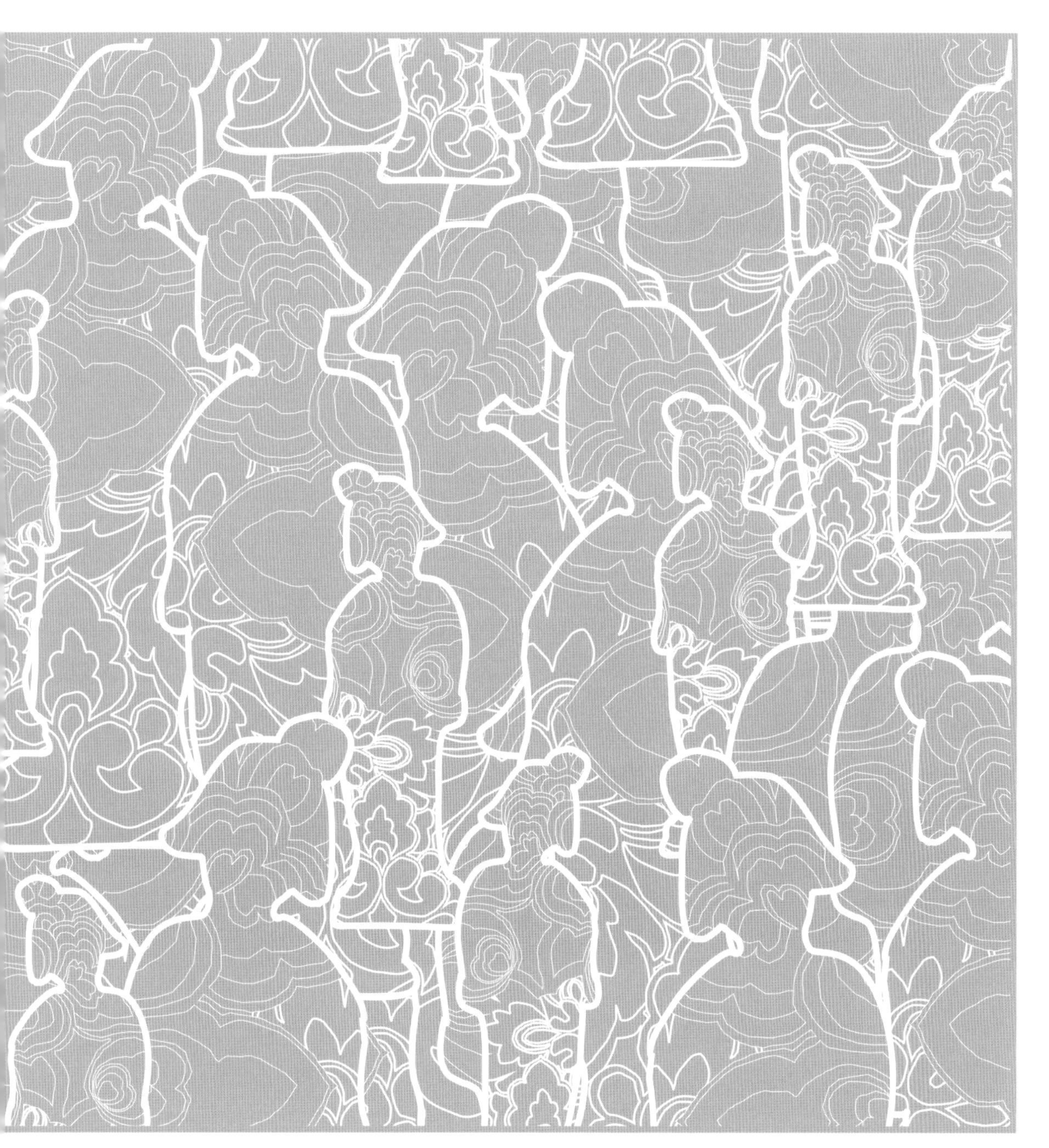

图4-74 《仕女图》作品系列一（作者：张庭瑄）

设计说明：设计灵感来自唐代的仕女绘画作品，先将唐代仕女形象的轮廓提取出来，然后进行翻转、放大、缩小、层叠的图案排列设计，着重将唐代仕女形象的优雅、雍容、华贵等特征融入其中，再结合唐代经典的宝相花纹样进行填充，从而丰富整个画面的视觉效果。粉色与白色的配色设计使作品给人沉稳、典雅又有一丝浪漫的设计感受。

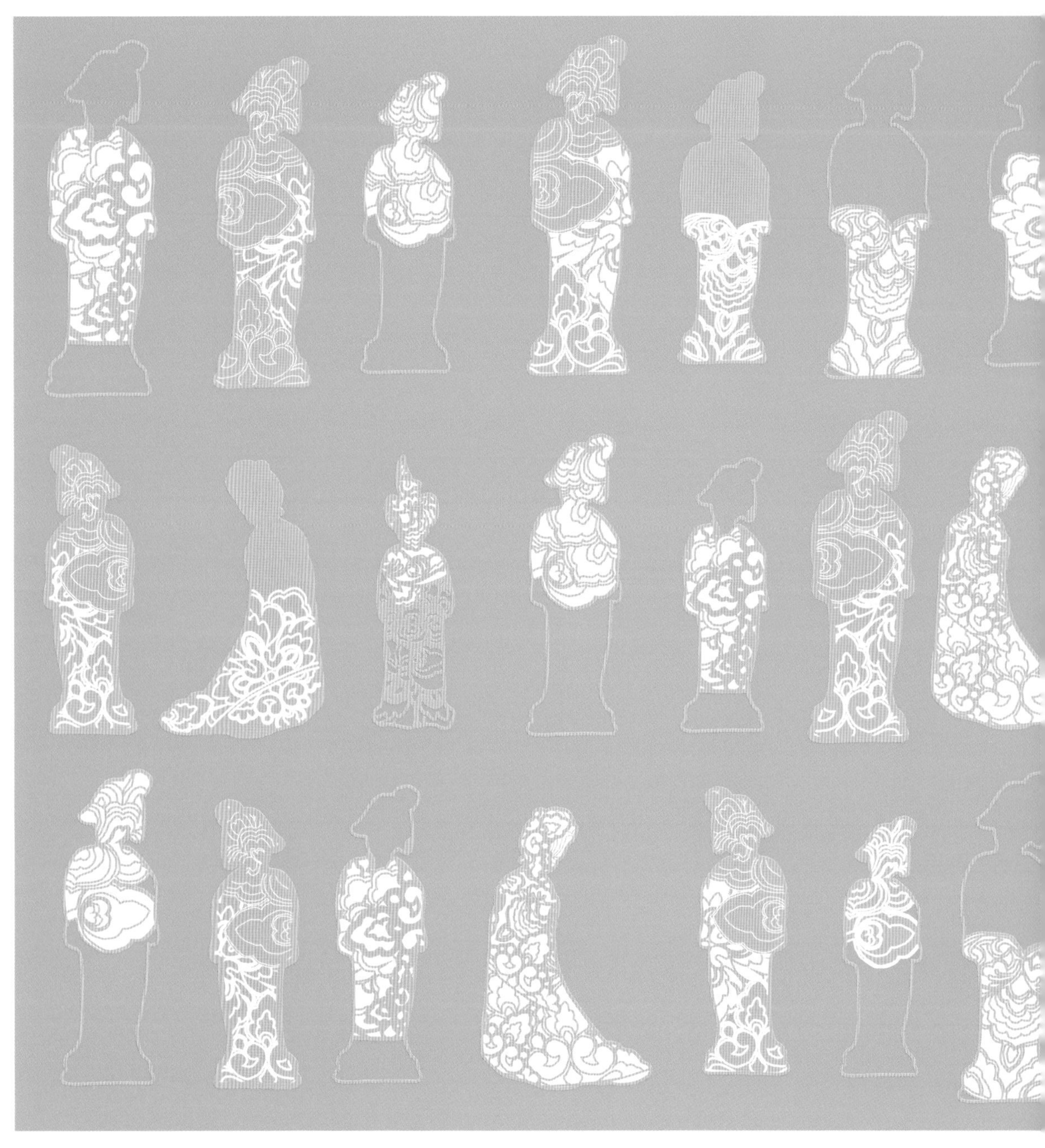

图4-75 《仕女图》作品系列二（作者：张庭瑄）

设计说明：设计灵感来源于唐代仕女陶俑及唐代仕女图的艺术形象。将唐代侍女陶俑及唐代仕女图进行创新变形，使之成为具有当代设计感的纹样。再利用唐代经典的宝相花进行填充，得到了新的图形式样。采用平铺、翻转的图案排列方式及绿、粉、白的配色使设计作品具有当代设计感。

案例39：《祥云瑞鹤》图案作品与设计说明（作者：张婷，图4-76）

图4-76 《祥云瑞鹤》作品（作者：张婷）

设计说明：设计灵感来源于唐代木雕造型中的仙鹤纹样，以云纹将其串联起来。整体画面通过仙鹤穿梭在云间以呈现仙鹤流云之观感。仙鹤的造型是飞鹤和立鹤，力求表现其舒展优雅的造型特点。通过以蓝为底色，以黑白线描鹤，佐以红色，表现了仙境一般的画面效果。

案例40：《红楼纸鸢》图案作品与设计说明（作者：张婷，图4-77）

图4-77 《红楼纸鸢》作品（作者：张婷）

设计说明：设计灵感来源于《曹雪芹风筝》。设计中提取风筝中纸鸢元素进行具象的造型设计，再通过层叠的方式进行图案排列，并以祥云纹样做底，整合整幅画面。配色上，采用了中国花鸟绘画中的传统配色，如蟹青等淡雅又富有表现力的颜色，并以浅红色为底色，代表晚霞的颜色，祥云纹穿梭其中，以此表现晚霞渐露、纸鸢穿梭在云中之感。

4.3.2　组织设计模拟效果图

随着科学技术的不断发展，面料图案的提花设计也呈现出多元化的表现手段，组织设计作为现代化设计技术，在表现提花丝织品图案中尤为重要。通过繁杂的组织设计工序，可以实现平面丝织品图案的立体化。在色彩表现上，对单位图案反复考量与设计，对于色彩繁复的提花图案可以在一定程度上提高其色彩的还原度。组织设计在特殊织物的提花设计中也有了很大程度的突破，如起绒织物这类经纬层次丰富的织物，通过组织设计后，无论是在图案还是色彩上都属于佳品。随着社会的不断发展，人类对于生活质量的需求也日益提高，丝织品在人类日常生活中占据着重要地位，作为体现艺术与科技融合的提花组织设计可谓是对丝织品的锦上添花，大大增加了丝织品的艺术感与舒适度，在这样的时代背景和发展现状下，提花组织设计将迎来前所未有的发展机遇。

在这个部分中，展示的是学生的图案设计作品经过组织设计转化后的模拟效果图。

案例1：**《唐韵》系列组织设计模拟效果图（作者：李可欣，图4-78）**

图案一

图4-78

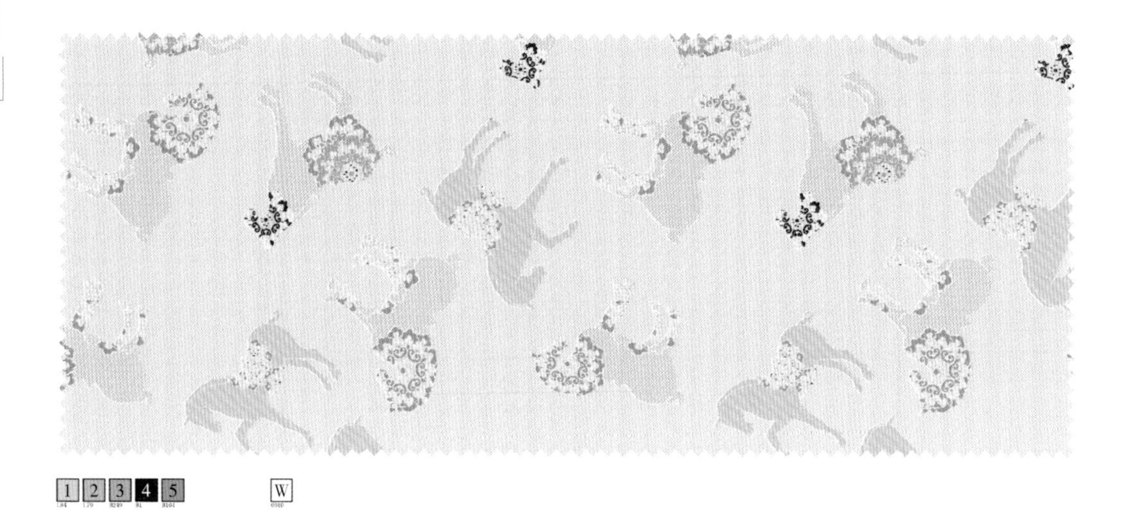

1 2 3 4 5 W

1 2 3 4 5 W

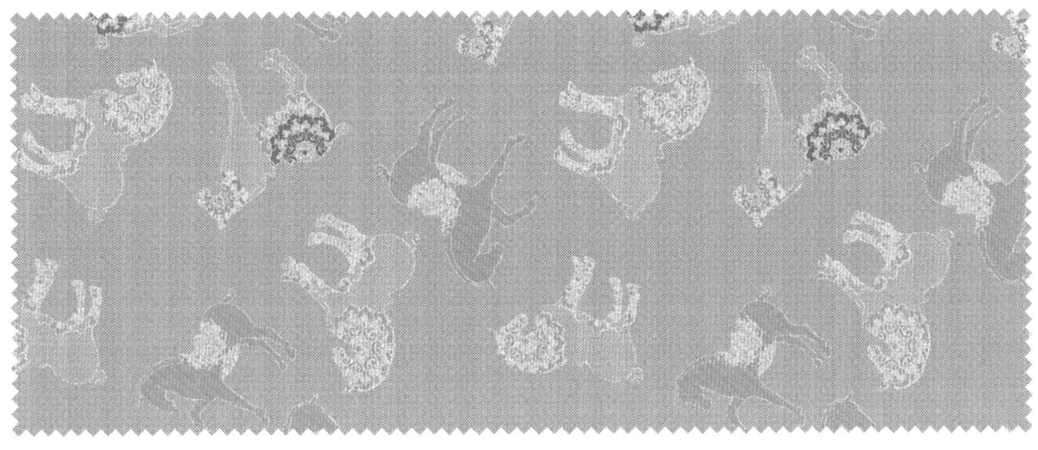

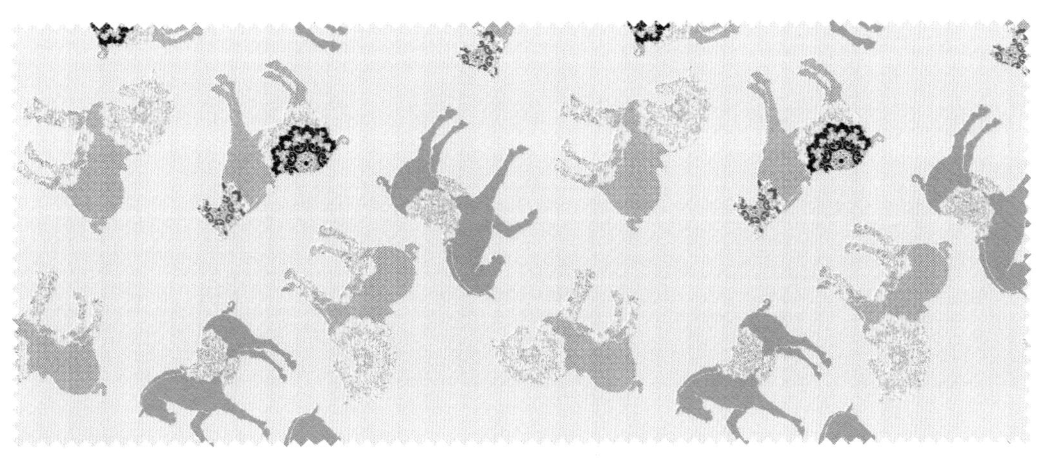

1 2 3 4 5 W

图案二

图4-78 《唐韵》系列组织设计模拟效果图（作者：李可欣）

案例2：**《纹礼忘怀》系列组织设计模拟效果图（作者：胡科闻，图4–79）**

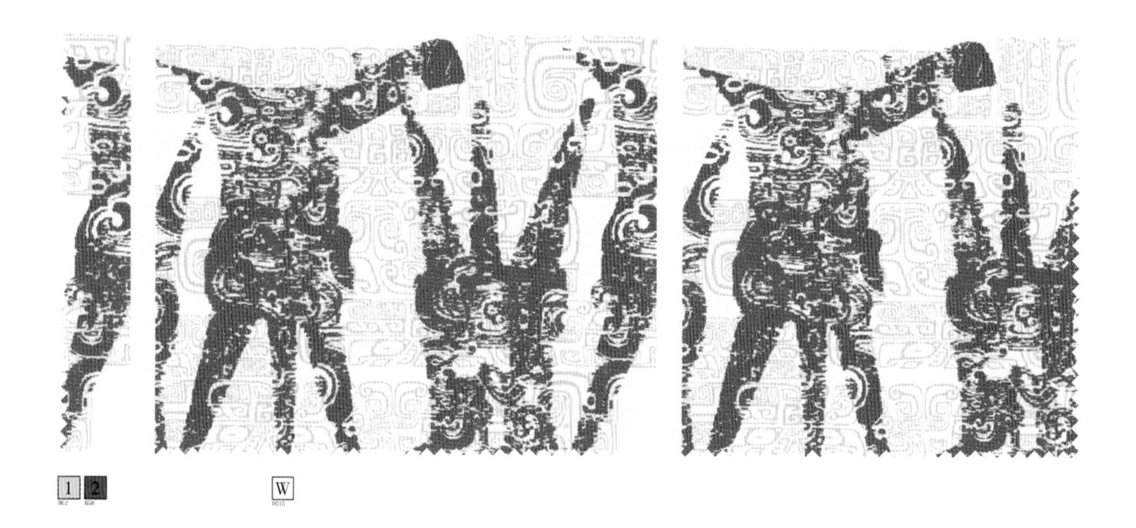

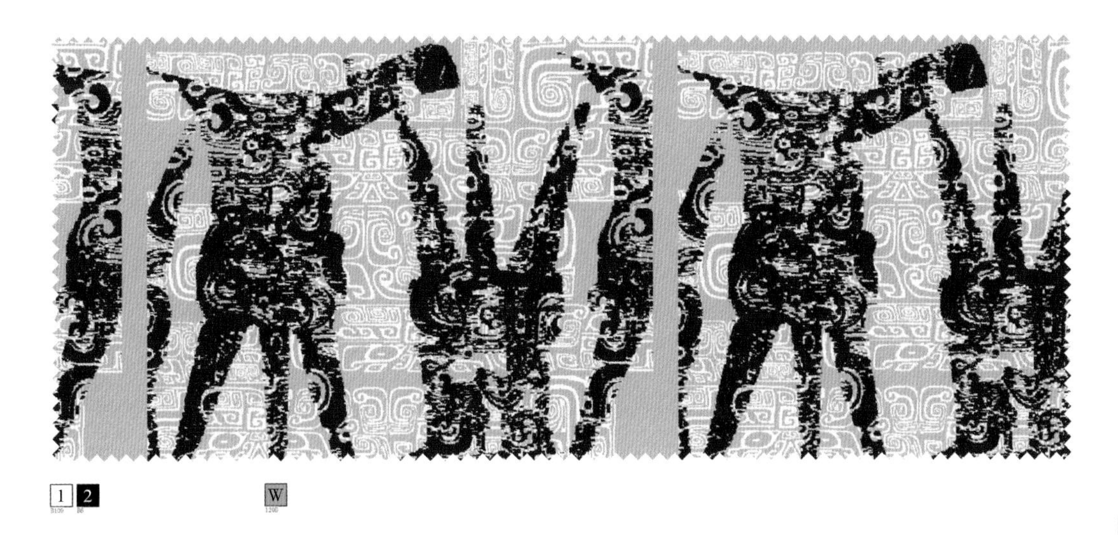

图4-79 《纹礼忘怀》系列组织设计模拟效果图（作者：胡科闻）

案例3:《皮影戏》系列组织设计模拟效果图(作者:胡科闻,图4-80)

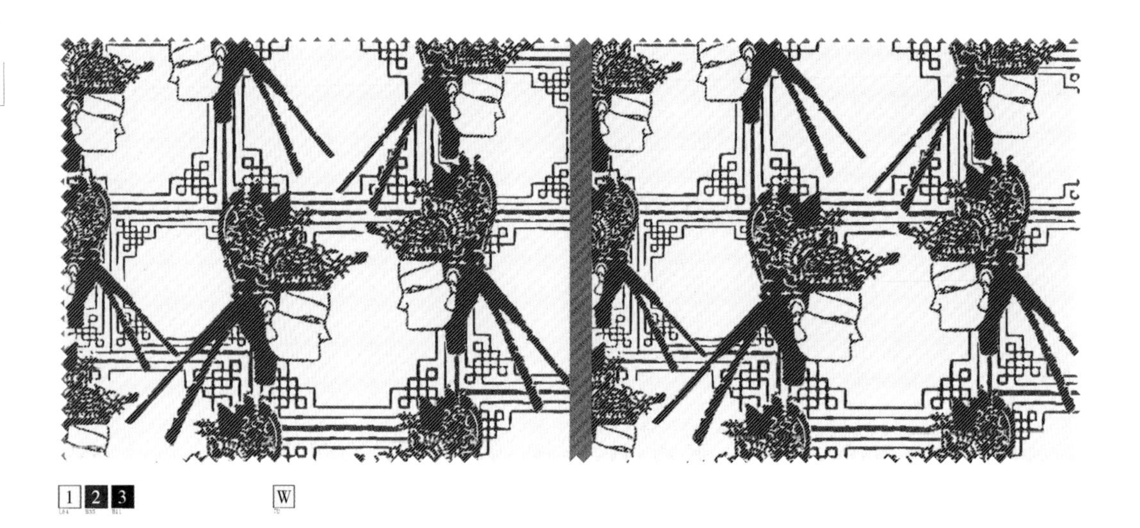

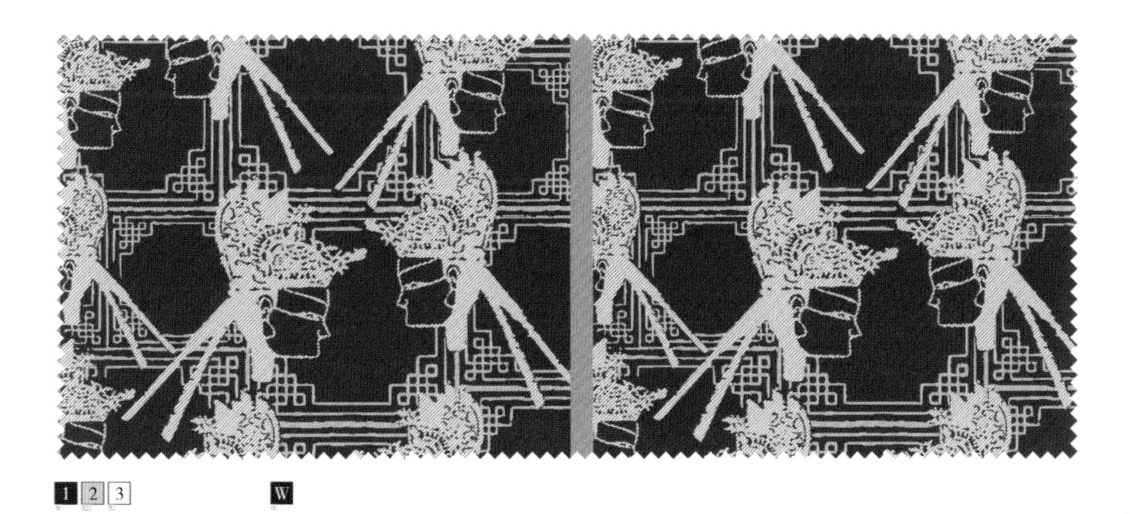

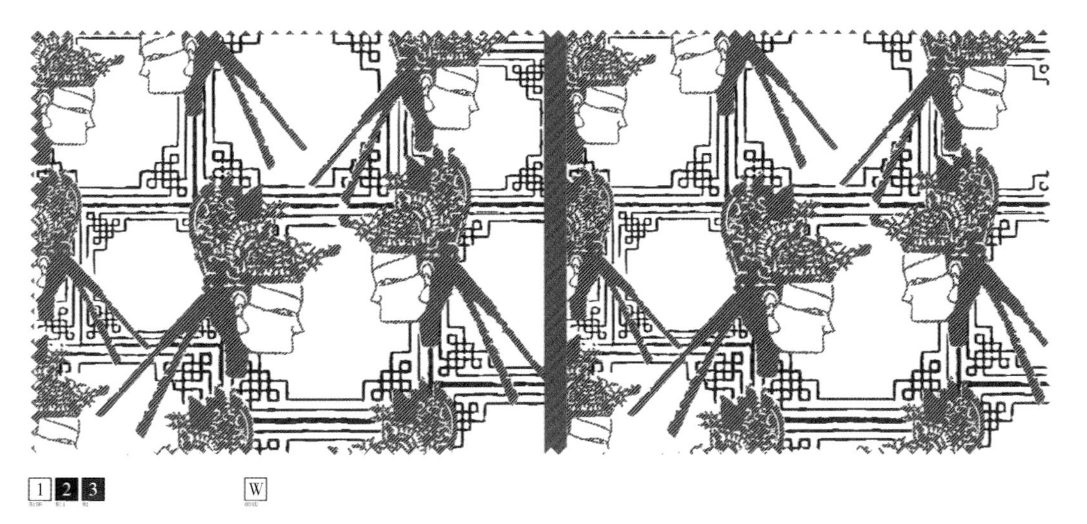

图4-80 《皮影戏》系列组织设计模拟效果图（作者：胡科闻）

案例4:《兽面纹》系列组织设计模拟效果图（作者：刘晓娇，图4-81）

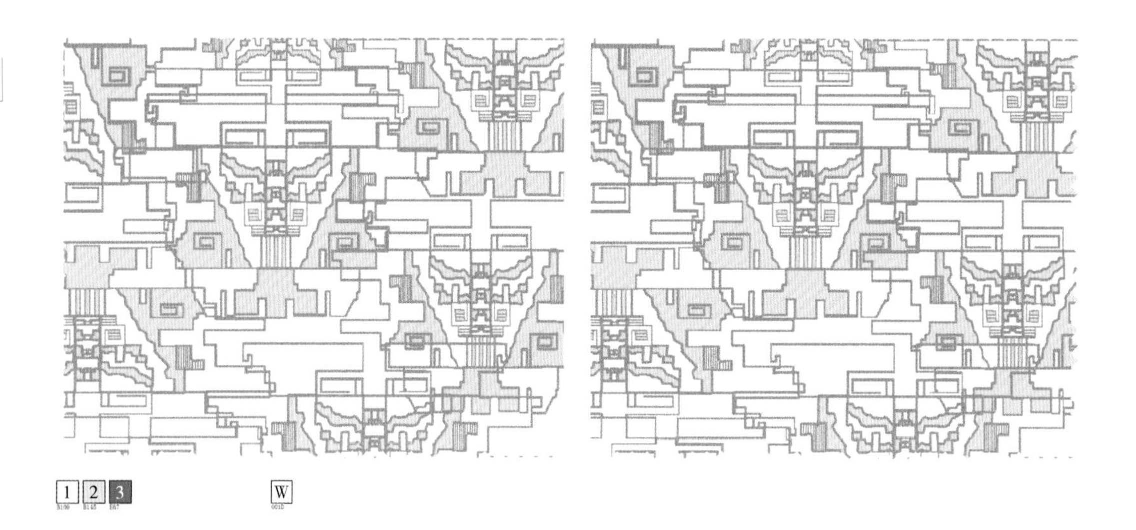

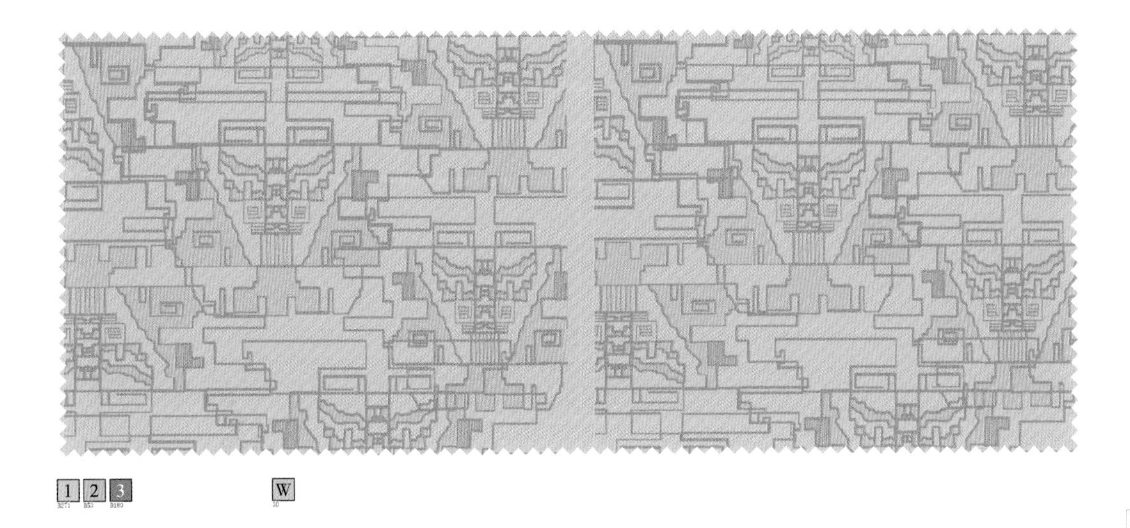

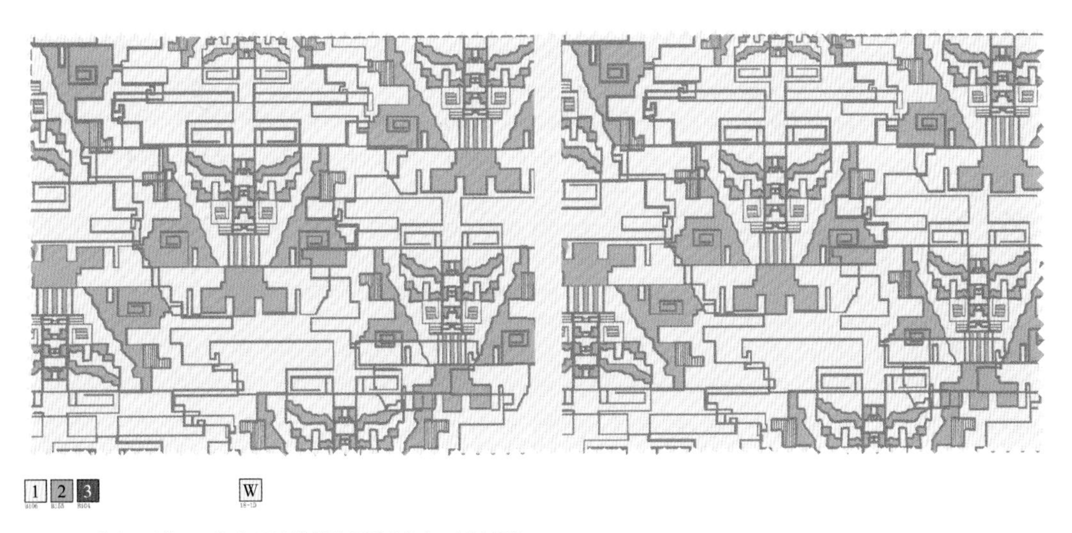

图4-81 《兽面纹》系列组织设计模拟效果图（作者：刘晓娇）

案例5:《童子送福》系列组织设计模拟效果图(作者:刘晓娇,图4-82)

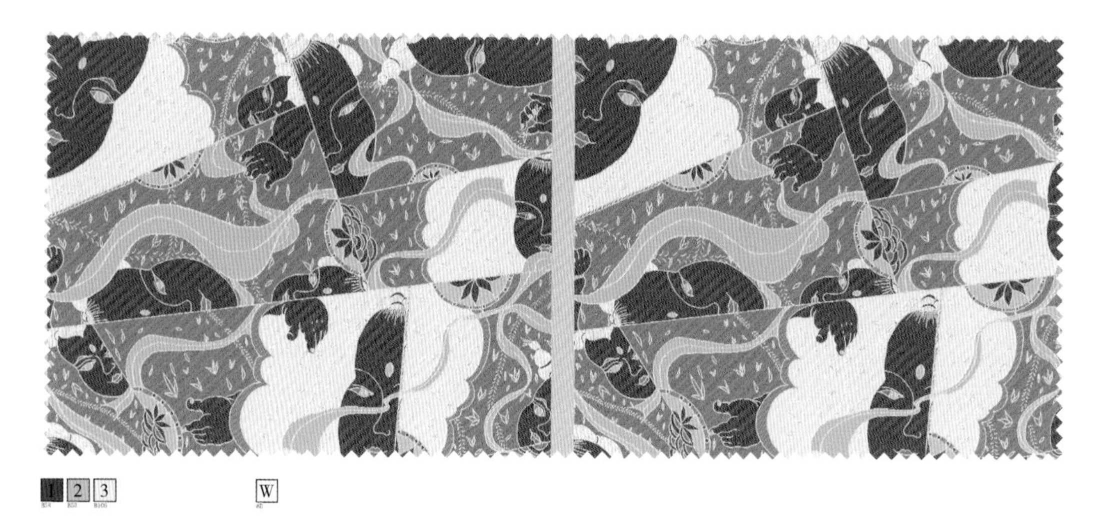

图4-82 《童子送福》系列组织设计模拟效果图（作者：刘晓娇）

案例6:《老汉与毛驴》系列组织设计模拟效果图（作者：林慧婷，图4–83）

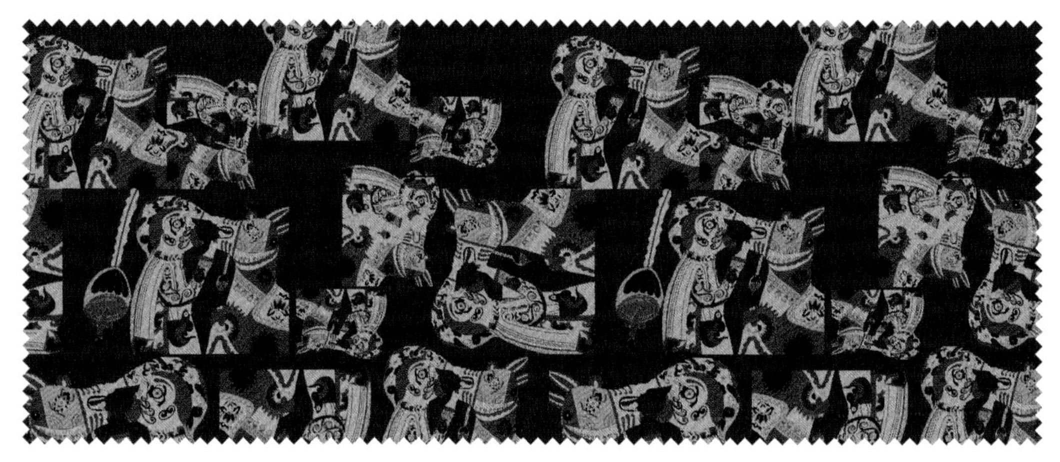

1 2 3 W

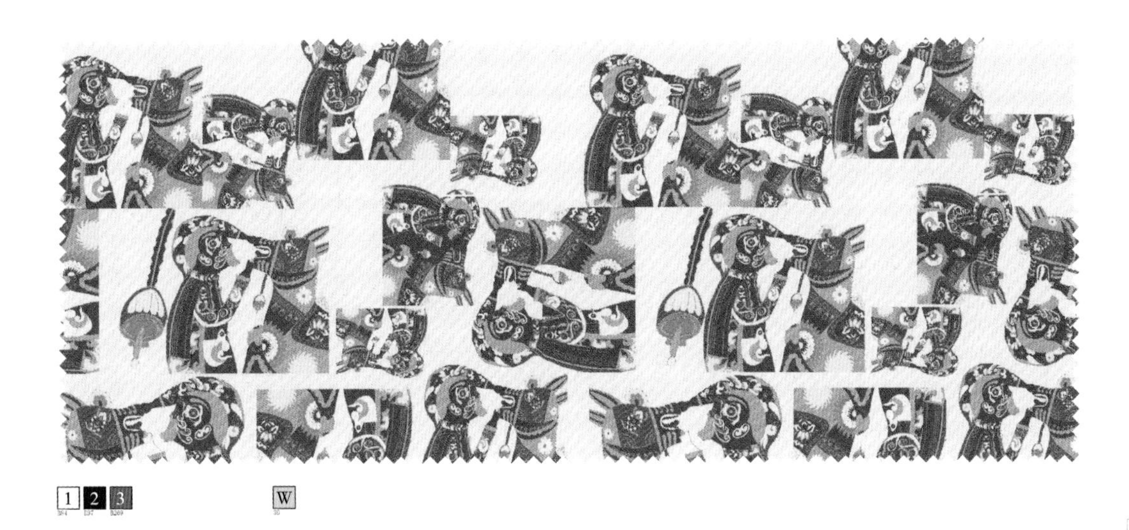

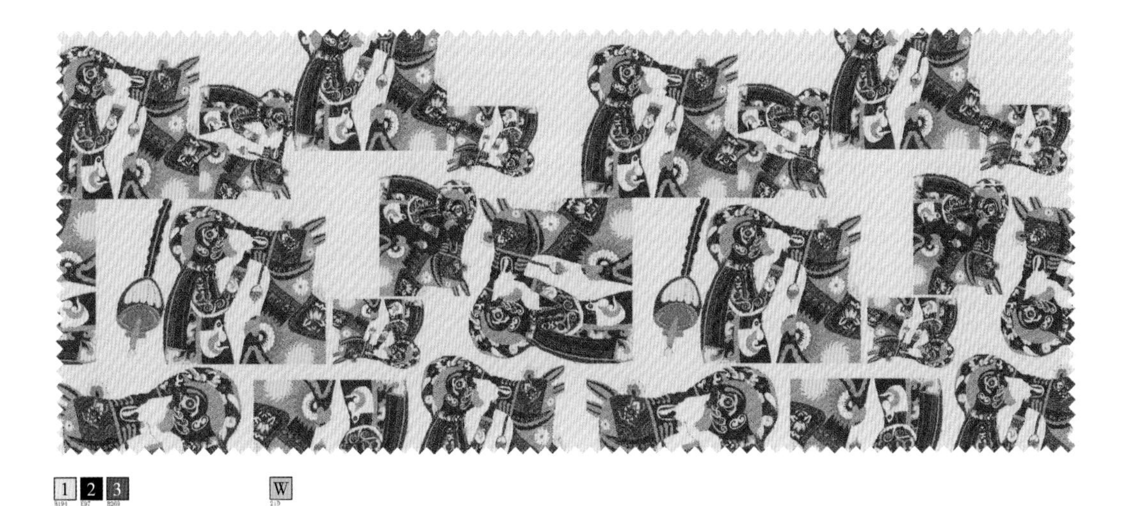

图4-83 《老汉与毛驴》系列组织设计模拟效果图（作者：林慧婷）

案例7:**《唐纹》系列组织设计模拟效果图(作者:林慧婷,图4-84)**

图4-84 《唐纹》系列组织设计模拟效果图（作者：林慧婷）

案例8：**《黄河魂》系列组织设计模拟效果图（作者：齐子瑜，图4-85）**

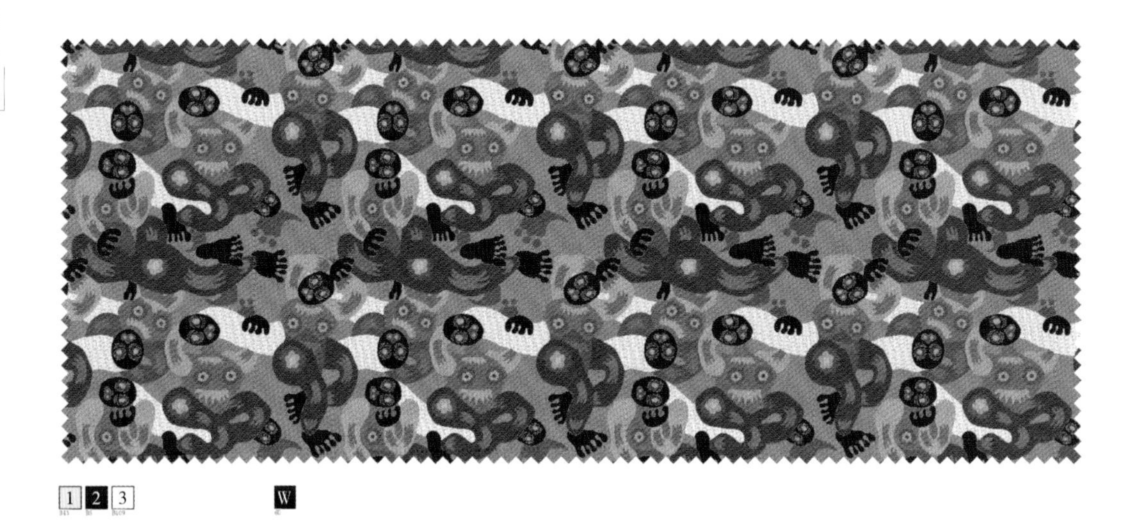

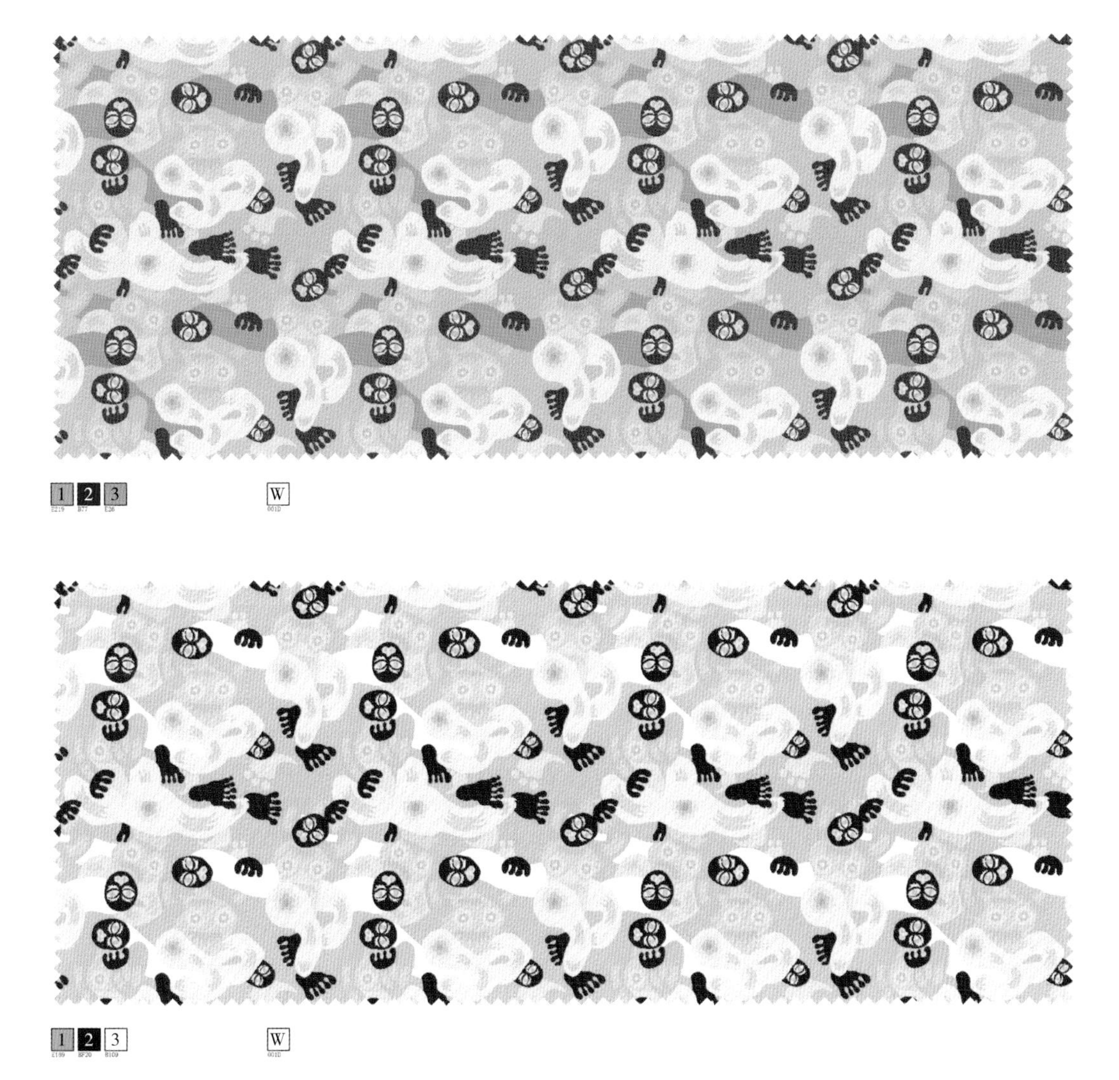

图4-85 《黄河魂》系列组织设计模拟效果图（作者：齐子瑜）

案例9：**《纸·花》系列组织设计模拟效果图（作者：齐子瑜，图4–86）**

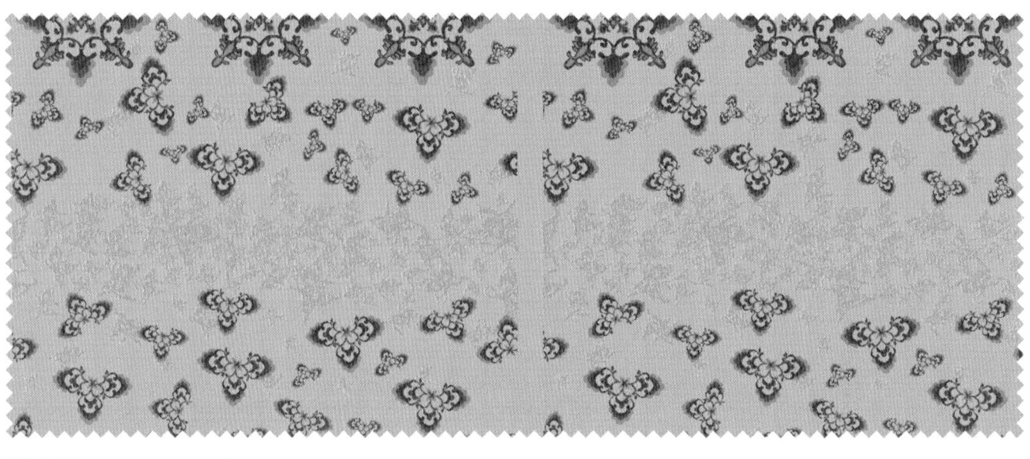

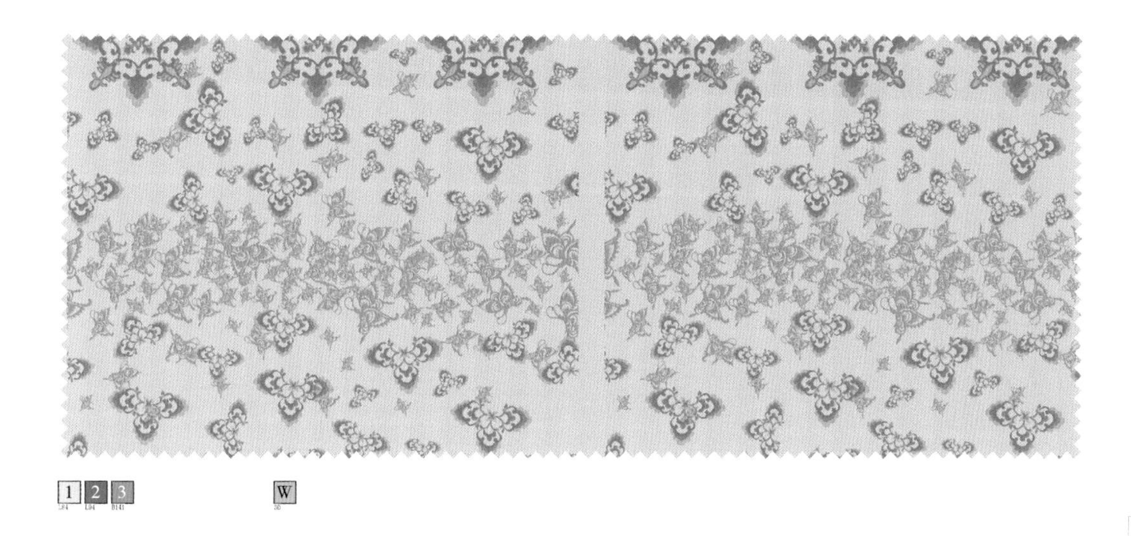

图4-86 《纸·花》系列组织设计模拟效果图（作者：齐子瑜）

案例10：**《西美石狮》系列组织设计模拟效果图（作者：吴书豪，图4-87）**

1 2 3 W

1 2 3 W

图案一

图4-87

1 2 W

1 2 W

图案二

图4-87 《西美石狮》系列组织设计模拟效果图（作者：吴书豪）

案例11：**《双龙交壁》系列组织设计模拟效果图（作者：杨逸铭，图4-88）**

1 2 3 W

1 2 3 W

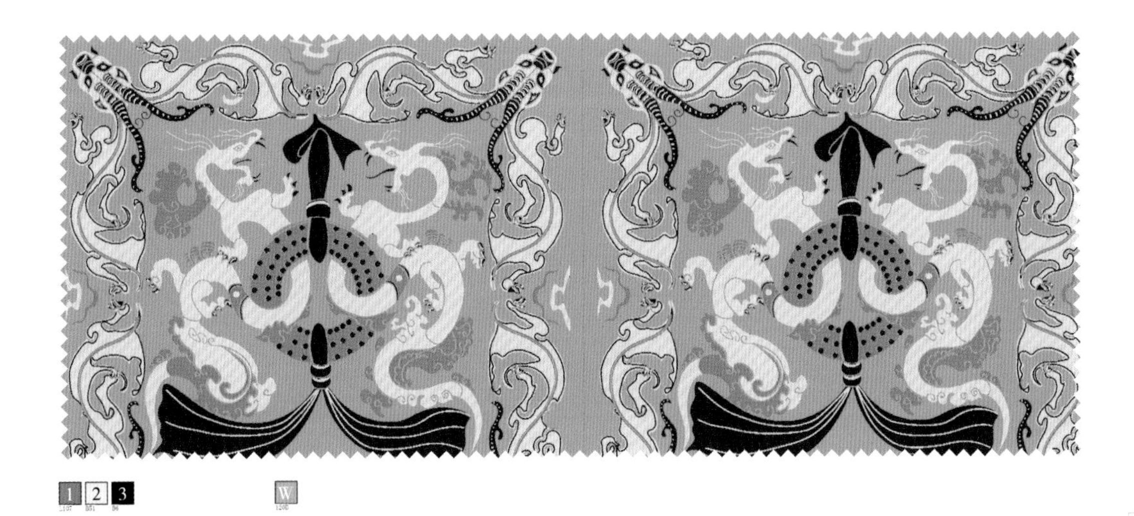

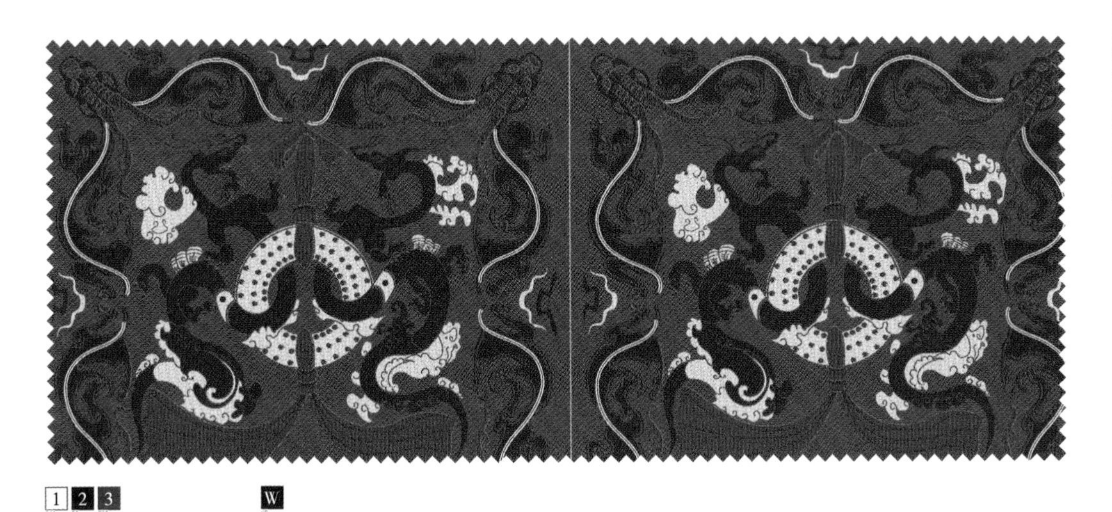

图4-88 《双龙交壁》系列组织设计模拟效果图（作者：杨逸铭）

案例12：**《娃哈哈》系列组织设计模拟效果图（作者：张玉洁，图4-89）**

1 2 3 4 5

1 2 3 4 5

图4-89 《娃哈哈》系列组织设计模拟效果图（作者：张玉洁）

案例13：《繁花似锦》系列组织设计模拟效果图（作者：张玉洁，图4-90）

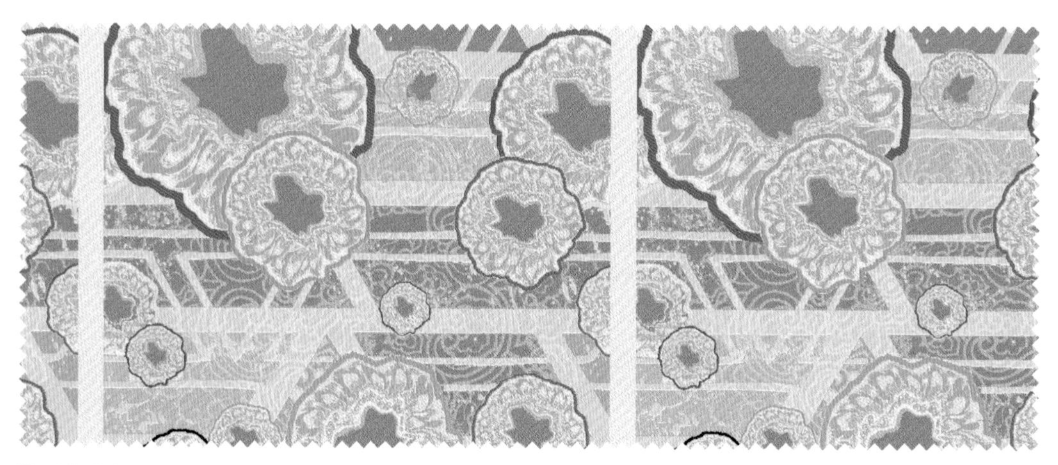

1 2 3 4 5 6 W

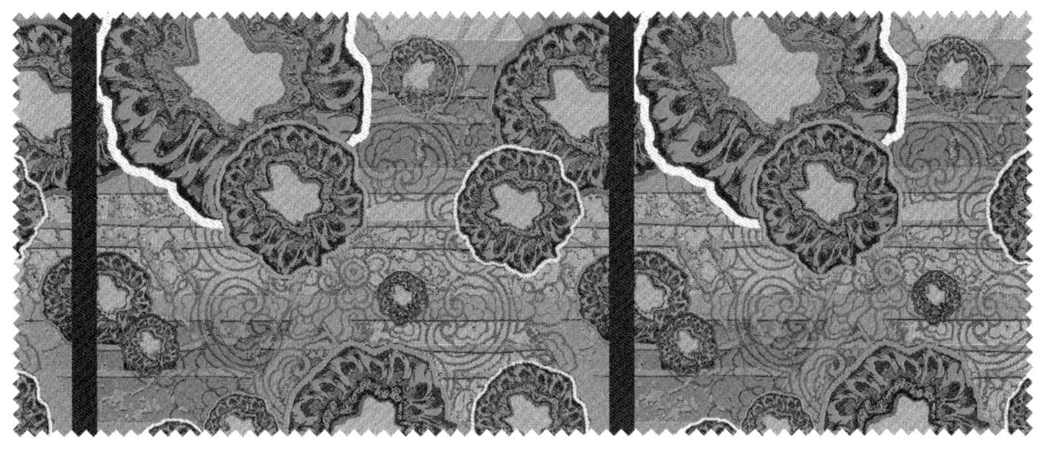

1 2 3 4 5 6 W

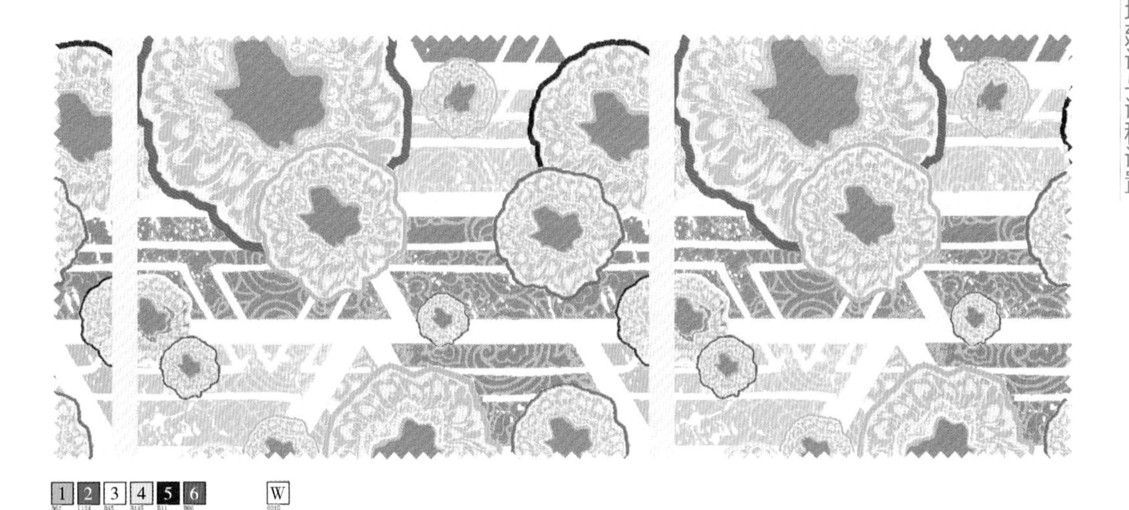

图4-90 《繁花似锦》系列组织设计模拟效果图（作者：张玉洁）

案例14：**《四神方阵》系列组织设计模拟效果图（作者：张钊，图4-91）**

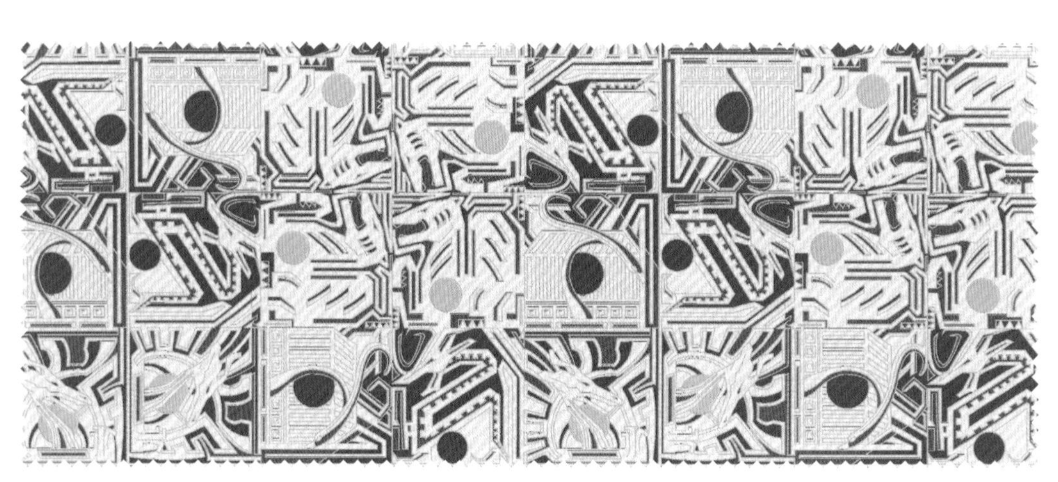

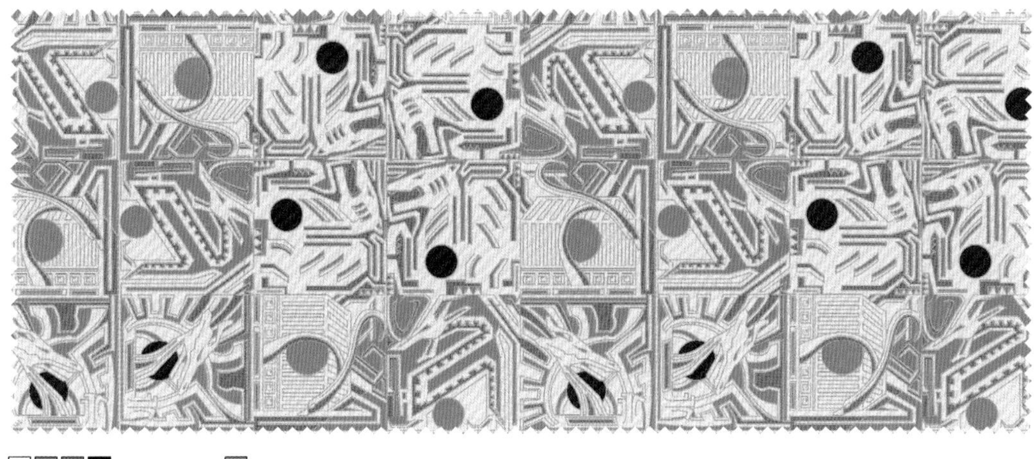

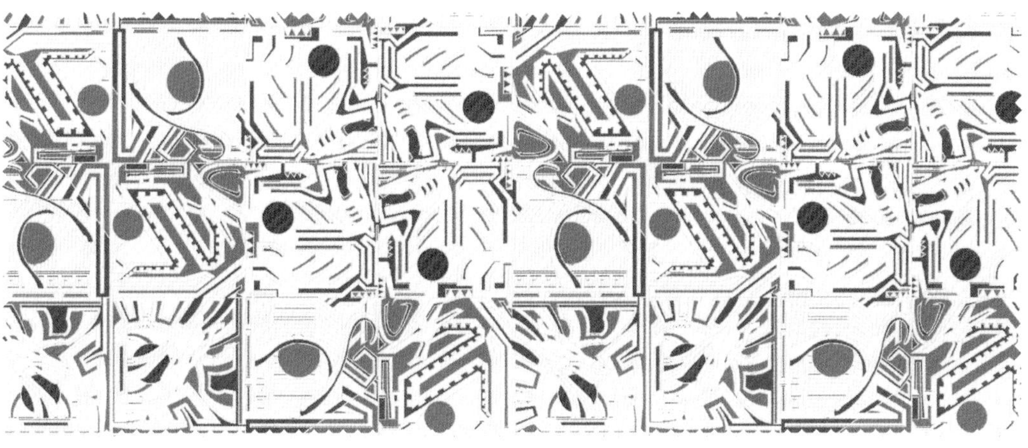

图4-91 《四神方阵》系列组织设计模拟效果图（作者：张钊）

案例15:**《影子戏》系列组织设计模拟效果图（作者：张钊，图4–92）**

1 2 3 4　W

图4-92 《影子戏》系列组织设计模拟效果图（作者：张钊）

案例16：《蓝叶》系列组织设计模拟效果图（作者：宋芃远，图4-93）

图4-93 《蓝叶》系列组织设计模拟效果图（作者：宋芃远）

案例17：**《火柴娃娃》组织设计模拟效果图（作者：李文静，图4–94）**

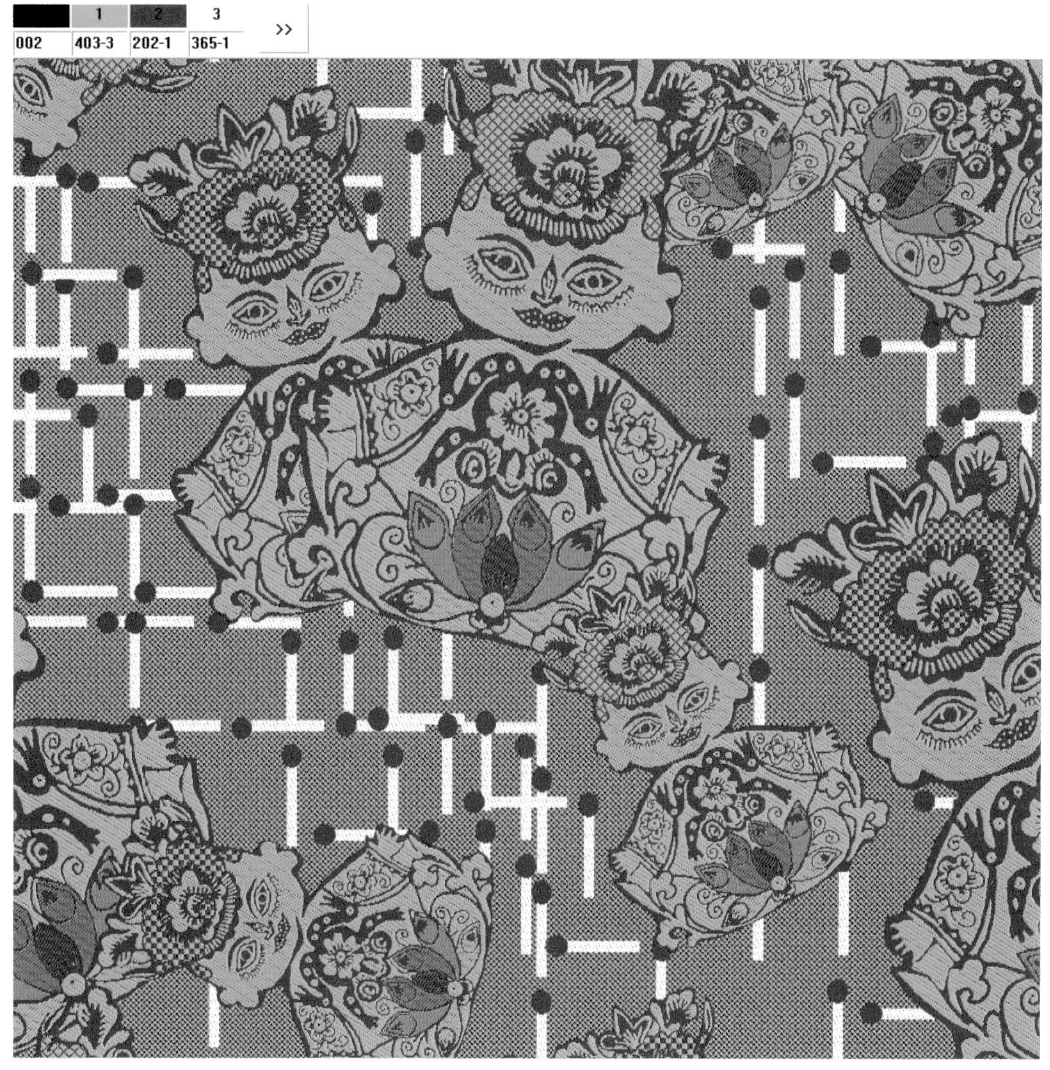

图4-94 《火柴娃娃》组织设计模拟效果图（作者：李文静）

案例18：《蝶恋花》组织设计模拟效果图（作者：李文静，图4-95）

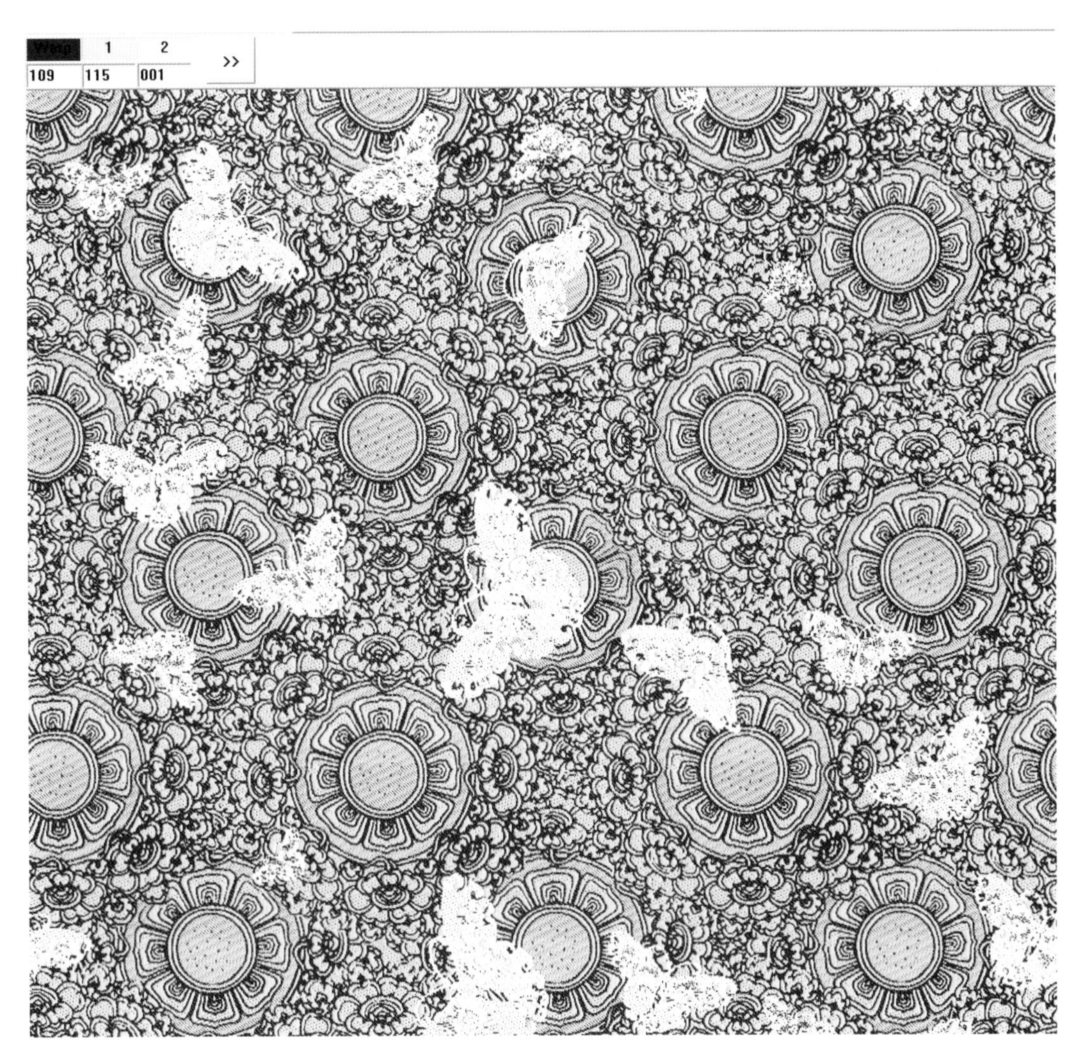

图4-95 《蝶恋花》组织设计模拟效果图（作者：李文静）

案例19：**《趣玩青铜》组织设计模拟效果图（作者：李昕怡，图4-96）**

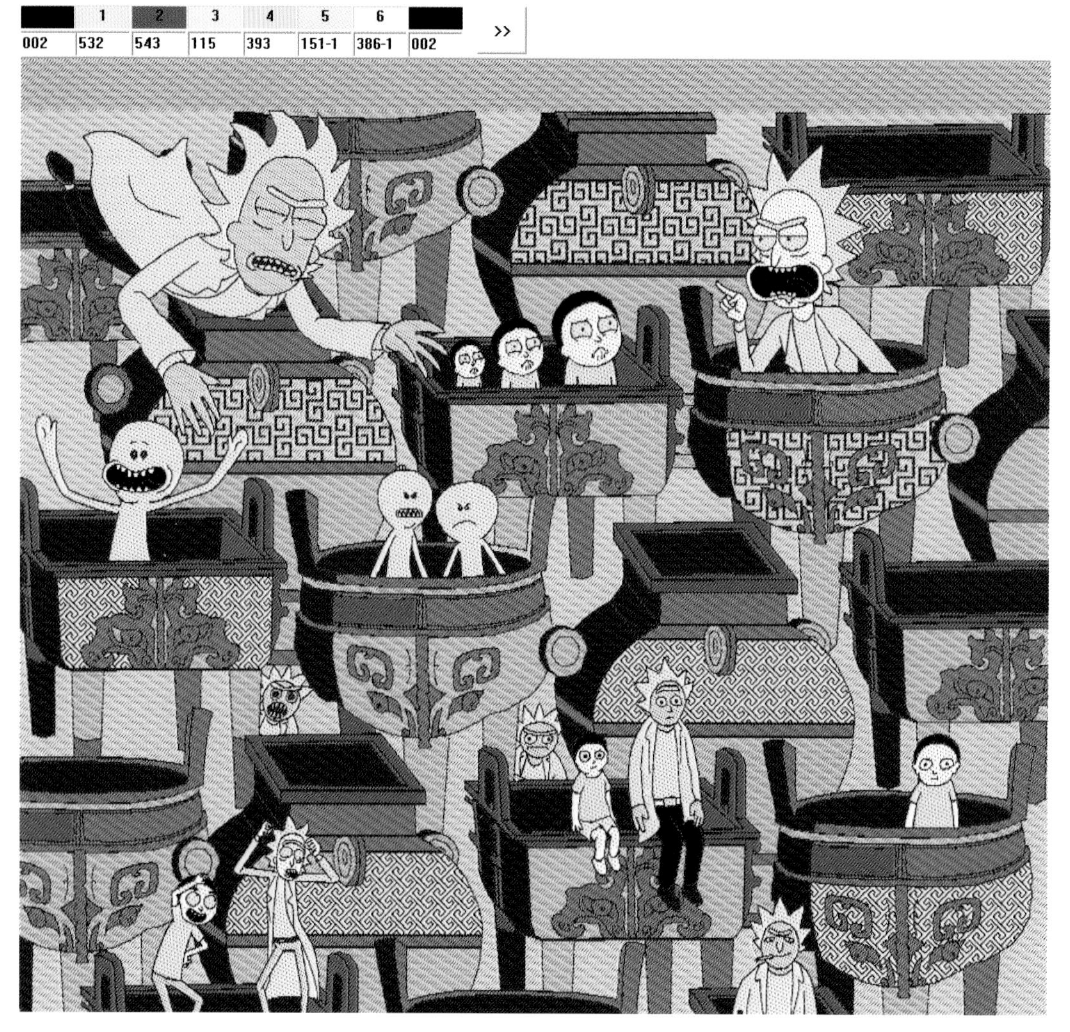

图4-96 《趣玩青铜》组织设计模拟效果图（作者：李昕怡）

案例20:《仕女图》系列组织设计模拟效果图(作者:张庭瑄,图4-97)

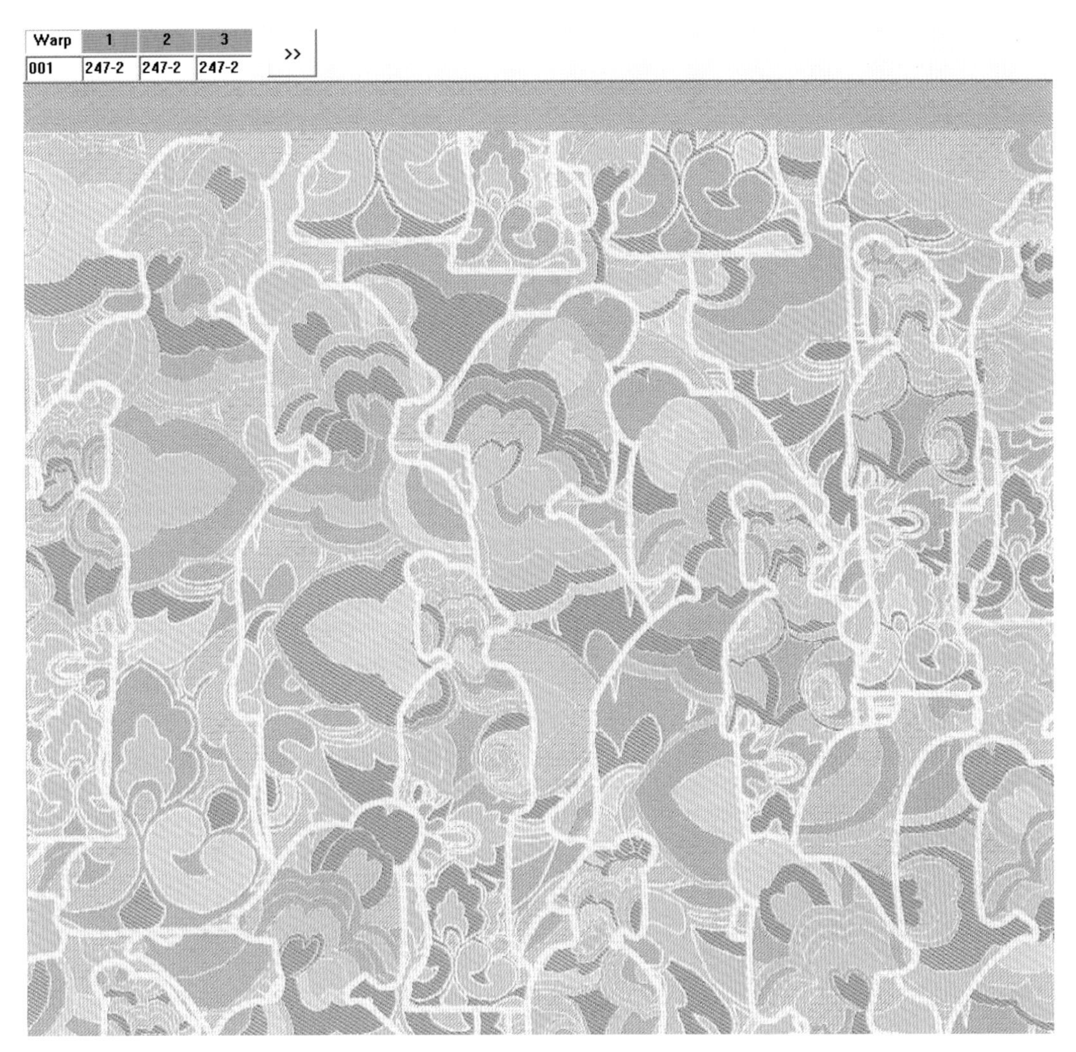

图4-97

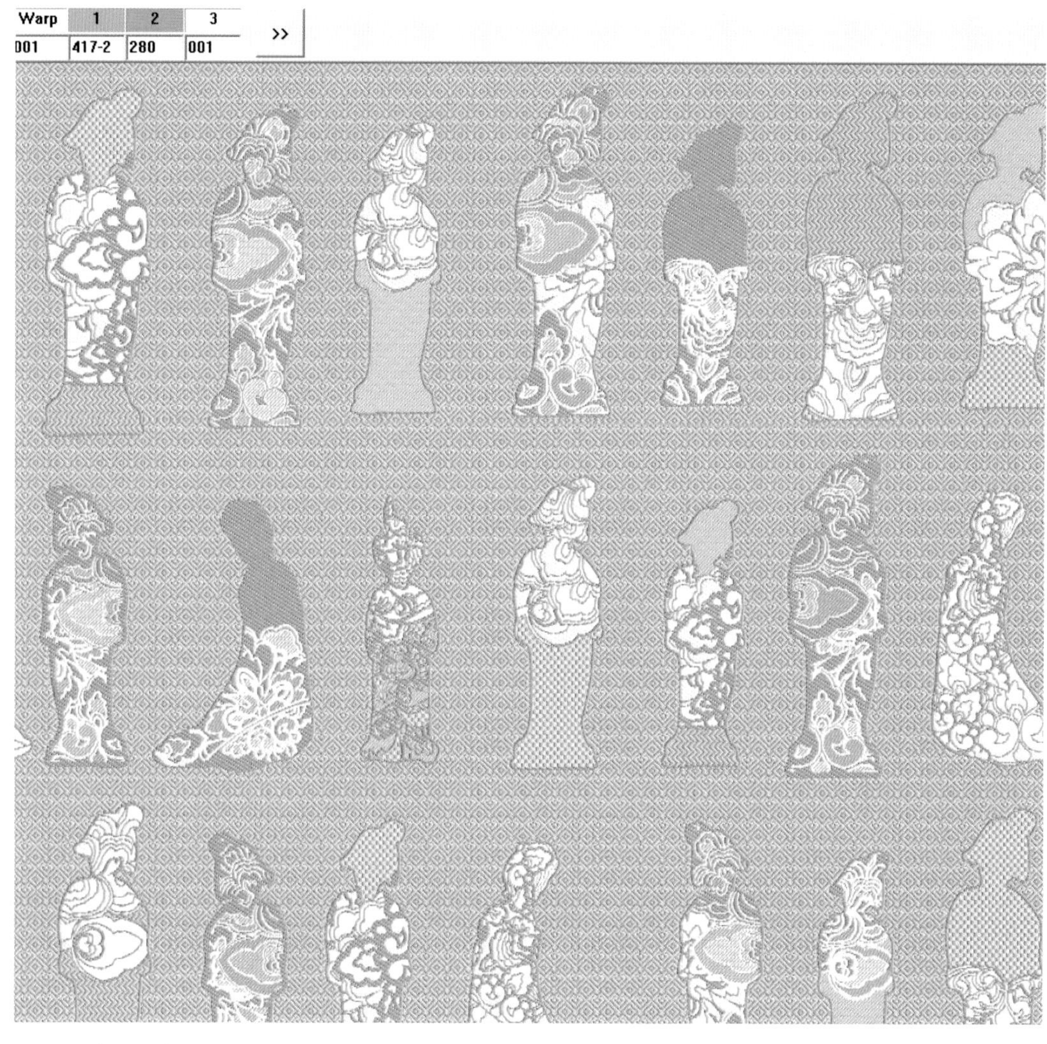

图4-97 《仕女图》系列组织设计模拟效果图（作者：张庭瑄）

案例21：《祥云瑞鹤》组织设计模拟效果图（作者：张婷，图4-98）

图4-98 《祥云瑞鹤》组织设计模拟效果图（作者：张婷）

案例22：**《红楼纸鸢》组织设计模拟效果图（作者：张婷，图4-99）**

图4-99 《红楼纸鸢》组织设计模拟效果图（作者：张婷）

4.3.3 织造过程与成品展示

通过本次项目课程的成品展示可以看到，学生对于现代图案设计有了更深一步的认识，突破了自己以往对图案设计的平面化理解，对如何将科技融入生活有了新的思考和认识。从设计过程到成品展示，学生在工厂设计师们的辅导下，亲自制作组织设计模拟图，从刚开始手足无措到渐入佳境，从平面的效果图到具有市场价值的设计产品，无不体现了学生的学习态度和设计师们的教学耐心（图4-100、图4-101）。在最后的成品展示中，学生对于展览场地的布置和设计空间的考量绞尽脑汁，尽力使空间环境更好地体现作品的文化意境和精神内涵，这也体现了学生作为一名艺术家的态度和执念（图4-102、图4-103）。在展览期间，西安美术学院领导莅临现场，作品从文化艺术和市场价值上，都获得了领导们的一致认可。工厂作为本次调研与实践的平台，为学生提供了一个由艺术设计转换为社会生产的契机，之所以取得如此佳绩，离不开工厂以及设计部老师对学生的悉心教导，从理论到实践，从艺术到市场，于学生而言是一次质的飞跃，于社会而言将迎来一批优秀的设计人才。

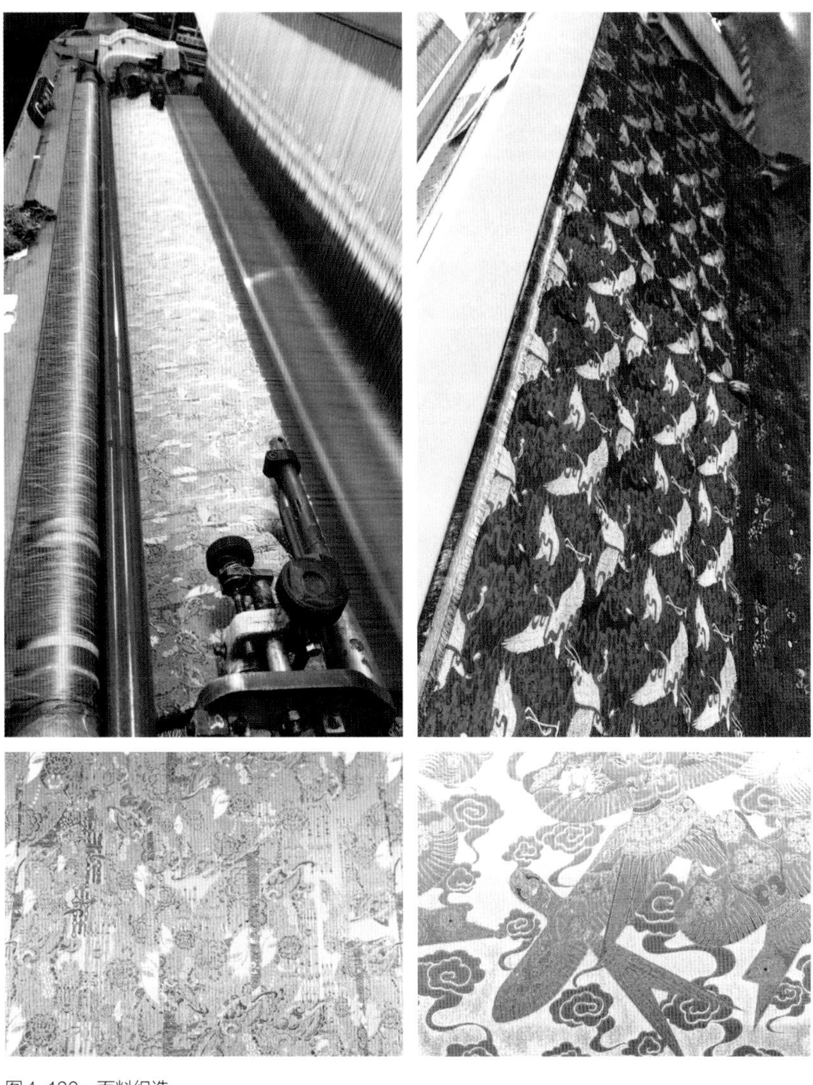

图4-100　面料织造

图4-101　提花图案

图4-102　裁剪

图4-103

图4-103　成品展示

图案的流行趋势与应用

The popular trend and application of pattern

5.1 图案流行趋势

作为中国传统文化的组成部分，中国传统图案在现代艺术设计中极为重要，其在发展过程中与普通民众的精神需求和生活追求紧密结合在一起，成为中国民众表达思想意识的载体与精神寄托，是审美理想和实用功能的完美体现。

在当代服饰设计中，国际舞台上的中国传统元素并不少见，像华伦天奴、路易威登、古驰等奢侈品牌的历任设计大师们都是不折不扣的东方迷，他们通常喜欢从款式、文化符号等方面汲取中国元素，如青花瓷、刺绣、中国龙、青铜纹样等，将中国文化推向了世界时装的国际舞台（图5-1～图5-4）。自20世纪80年代以来，华裔设计师以及中国设计师在西方时尚舞台的活跃也带动了中国风的盛行。2015年纽约大都会艺术博物馆慈善舞会（Metropolitan Museum of Art's Costume Institute in New York City，简称Met Ball）的主题即为“镜花水月”，更是在全球时尚圈掀起了中国风的热潮。

随着中国国际地位的上升，中国文化在国外传播越来越广，国外设计师对中国的了解也愈加深刻，更加重视对中国文化精神内核的认识与追求。许多大牌时装频频选择以中国元素为设计灵感源，加之近年来，像王汁、马玛莎、马

图5-1　华伦天奴2013年秋冬巴黎时装周青花图案

图5-2　路易威登刺绣外套

图5-3　古驰2017年春夏女装发布会

图5-4　让·保罗·高提耶（Jean Paul Gaultier）2012年春夏高级定制系列

可、曾凤飞、李薇等越来越多的中国设计师，坚持以中国本土元素进行设计，将龙凤纹、水墨纹、江崖海水纹等传统文化融入了时装品牌设计中，从而使中国文化在国际上频频亮相（图5-5～图5-9）。

图5-5　曾凤飞（Fengfei·Z）2014年秋冬发布会

图5-6　夏姿·陈（Shiatzy Chen）2017年秋冬巴黎发布会，灵感来源于云纹、龙凤纹或祥狮图腾

图5-7　李薇（Alwaylee）2015年春夏发布会，运用中国传统水墨、僧侣鞋

图5-8　张肇达（Mark Cheung）2017年新中式成衣发布会

图5-9　东北虎（Ne·Tiger）2018年春夏发布会，运用中国传统图案

图5-10　密扇2019年春夏系列

目前国内涌现了一批以中国传统文化为设计主题的设计品牌，像2014年诞生的设计师品牌密扇（Mukzin），在创立之初便确立了“潮范中国风”的定位，从中国神话、文学故事等中汲取灵感与素材并进行再设计，无论是款式设计、图案设计还是色彩设计，每一季都是一场中国戏剧大片，不仅在国内掀起国风潮流，也受邀走向国际时装发布会（图5-10）。密扇的成功绝对不是偶然，中国传统文化本就源远流长、博大精深，每一个了解她的人，都会情不自禁地被吸引。作为未来从事服饰设计的大学生，将文化融入设计，以中国元素设计中华服饰，以中国语言讲述中国故事，是每一位设计者都应掌握的能力。

5.2 图案创新应用

在西安美术学院雅士林实践教育基地开设的图案课程中，学生通过对传统图案的剖析，在作品中阐释传统图案在现代设计中的时尚表达，以传统图案在服装设计中的创新应用为创作突破点，通过分析传统图案背后的精神内涵和发展现状，进一步探索传统图案以及图案在服装设计中的发展趋势。

在西安美术学院雅士林实践教育基地的建设项目中，对图案的创新应用依然是项目中非常重要的一环，如何将传统与现代结合，如何将图案与服装设计结合，这也是2018级图案班的师生们需要思考的内容。以下将展示部分传统图案在服装中的应用模拟案例。

案例1：《方圆规矩》服装应用作品（作者：侯佳，图5–11）

图案设计1，灵感来源于秦朝传统纹样——双龙戏珠，并且使用秦朝的冷兵器的器形作为辅助纹样，图案组合方式以古代军旗为参考

图案设计2，灵感来源于陕西民间窗花的形式，取其形求其意，象征团圆如意的美好寓意

图5-11

服装设计——将图案分别应用在女裙、男外套中，轻松又稍显俏皮的服装设计将图案的严谨破解，体现时装与传统文化的结合

图5-11 《方圆规矩》服装应用作品（作者：侯佳）

案例2：《汉纹》服装应用作品（作者：耿紫薇，图5–12）

图案设计，灵感来源于汉代青铜器的装饰纹样，将其纹样放大化处理并加入现代元素进行再设计，整体采用对比鲜明的大色块进行区分，画面整体运用线条进行分割，形成对比强烈、色彩活泼的设计效果

图5–12

服装设计——把图案与服装结构相结合，在图案的变化中寻找服装结构语言，凸显时尚中的传统力量

图5-12 《汉纹》服装应用作品（作者：耿紫薇）

案例3：《红黄蓝之高氏哲学》服装应用作品（作者：宋芃远，图5-13）

图案设计，灵感来源于皮特·蒙德里安作品和高凤莲的剪纸艺术，将蒙德里安的分割线运用到图案设计中，将剪纸艺术作为图案的主要元素进行细节上的再设计，在色彩上保留了蒙德里安的色彩理念，图案整体色彩鲜明，效果强烈

图5-13

服装设计——将图案设计作为服装的设计语言运用其中，图案对服装整体比例起到了平衡视觉效果，体现出时尚与传统的呼应关联

图5-13 《红黄蓝之高氏哲学》服装应用作品（作者：宋芃远）

案例4：《兽面铜纹》服装应用作品（作者：李美琳，图5-14）

图案设计，灵感来源于周代斧状青铜器纹样，将其与卷云纹结合，希望传达一种超然物外的祥和之态，色彩选用传统五色中的青色与土黄，寓意尊贵其中

图5-14

服装设计——将图案应用在现代服饰设计中，不仅加强了主题性，其图案的配色更是赋予本系列设计优雅的格调

图5-14 《兽面铜纹》服装应用作品（作者：李美琳）

案例5：《民素》服装应用作品（作者：黄诗棋，图5-15）

图案设计，灵感来源于陕北老艺术家高凤莲的布堆画作品，将布堆画中的人物头部、头饰和一些动物坐骑加以拆解再组合，运用构成原理从图案布局的疏密关系入手，加入布堆画的线条，以简洁的灰白配色彰显民间艺术的本真

图5-15

服装设计——将图案应用于现代时装的设计中，丰富了服装结构；整体色彩以灰色调为主，将民间传统艺术与现代服饰设计相结合，更显沉稳、大气

图5-15 《民素》服装应用作品（作者：黄诗棋）

案例6:《西美石狮》服装应用作品（作者：吴书豪，图5-16）

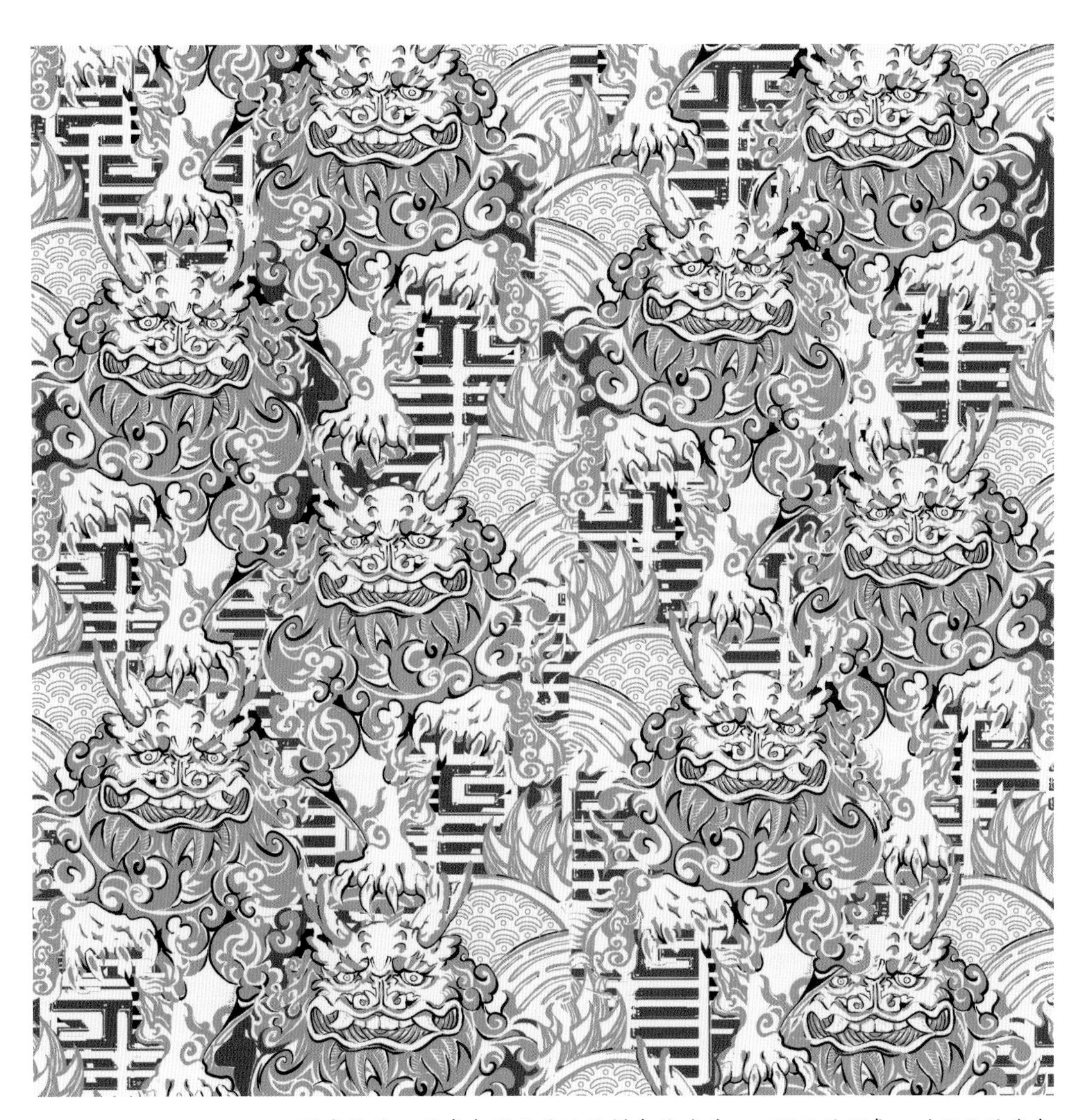

图案设计，灵感来源于传统纹样中的瑞兽——狮子的形象，对狮子的线条进行提取，通过粗细不等的线条勾勒变化，使图案整体具有一种节奏感，色彩上运用了明度较低的黄色、褐色，部分黑色的加入使画面沉稳古拙

图5-16

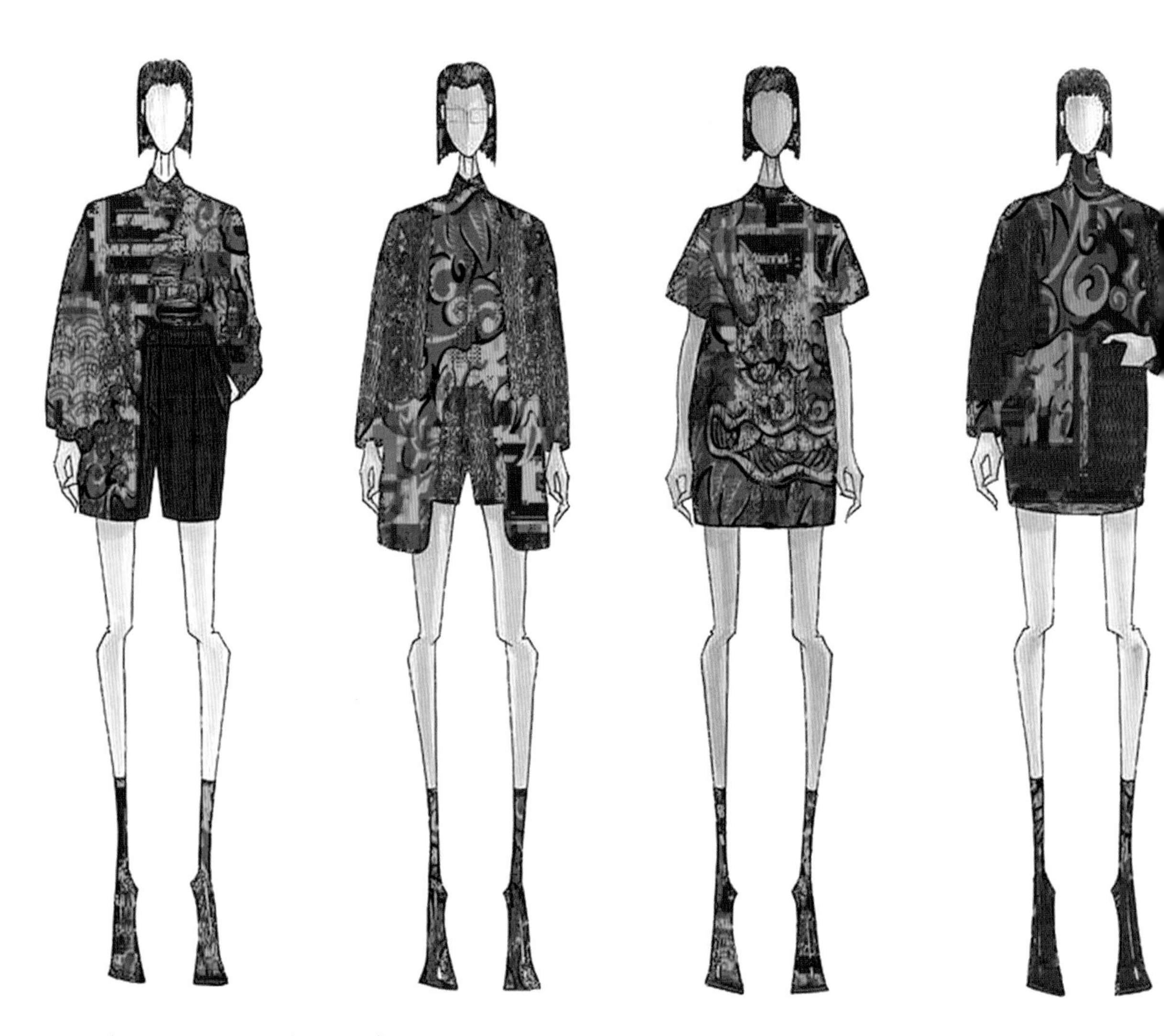

服装设计——将图案作为主要表现语言运用到服装面料中，打破传统对称的图案表现形式，在当代的服装艺术中体现传统的文化底蕴

图5-16 《西美石狮》服装应用作品（作者：吴书豪）

案例7：《双龙交璧》服装应用作品（作者：杨逸铭，图5–17）

图案设计，灵感来源于汉代双龙交璧的纹样，在图案的四周，用双身龙的纹样进行呼应，在色彩上以明度较高的蓝色、黄色、黑色为主色，整体对比鲜明，主题突出

图5-17

服装设计——将图案大面积呈现，局部以纯色分割，视觉效果强烈，在传统文化的表现中不失时尚韵味

图5-17 《双龙交壁》服装应用作品（作者：杨逸铭）

案例8:《西厢云鸢》服装应用作品(作者:张婷,图5-18)

图案设计1,灵感来源于唐代木雕中的仙鹤纹样,将云纹的设计运用其中与之呼应,用线描的形式表现仙鹤轻盈优雅的形态,在色彩上运用中国花鸟绘画中的蟹青、浅红作为主要色彩

图5-18

图案设计2，灵感来源于《曹雪芹风筝》中的纸鸢，延用服装设计的配色原理，图案整体优雅淡然，体现出图案的文化底蕴

服装设计——将图案与服装结构融合，二者相辅相成，强化了系列设计的风格，在传统造型的基础之上不失时尚活力

图5-18 《西厢云鸾》服装应用作品（作者：张婷）

案例9:《四神嘻哈》服装应用作品(作者:张钊,图5-19)

图案设计1,灵感来源于四神瓦当的图式,将四神的图式运用线描的形式进行提取,图案整体呈现16个小的板块,疏密有致,富有节奏感

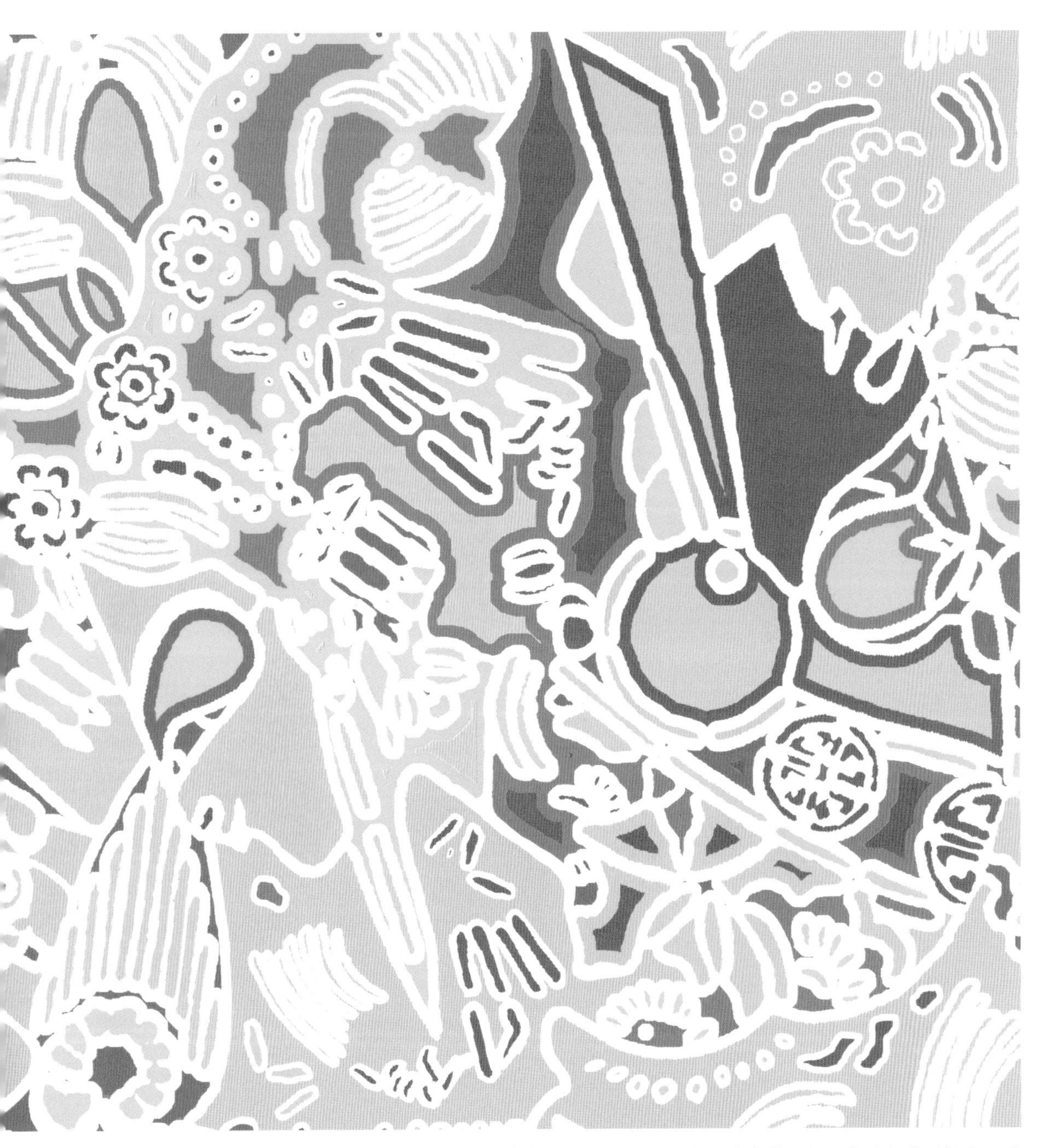

图案设计2，灵感来源于陕西华县皮影，对皮影人物形象进行造型提取，通过填色改变其原本状态

图5-19

服装设计——将图案置于深色的面料中，使图案只显现其线条的色彩，在服装设计中凸显了图案本身，图案的设计语言直接影响了服装风格，增强了服装的设计性

图5-19 《四神嘻哈》服装应用作品（作者：张钊）

案例10：《团花素锦》服装应用作品（作者：张玉洁，图5-20）

图案设计1，灵感来源于陕北民间艺术的抓髻娃娃，在此次设计中以红色的抓髻娃娃作为画面主体，与可乐、汉堡、薯条、爆米花之类的现代食物元素相融合

图5-20

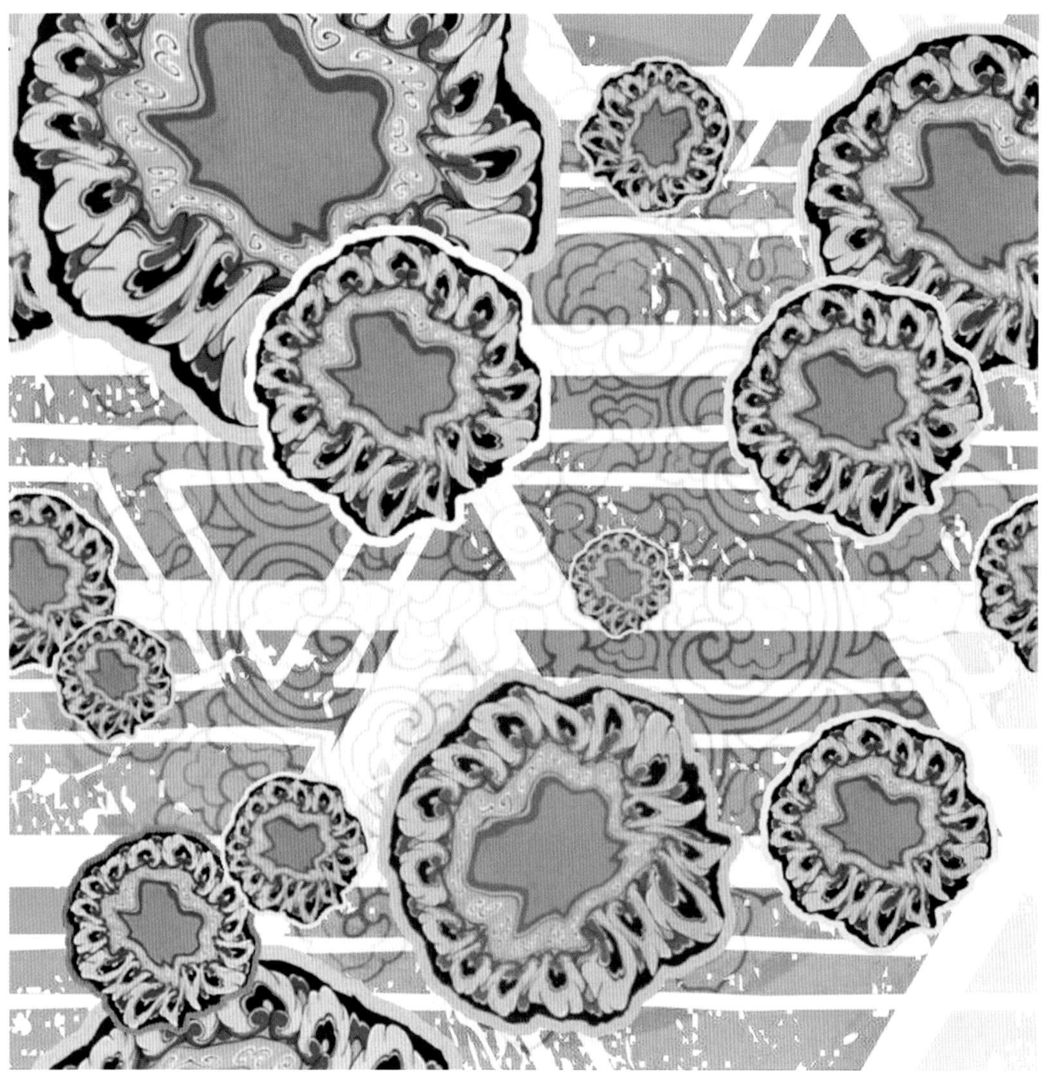

图案设计2，通过对唐代图案进行线条提取，对其变形、分割、层叠、排列，使画面充满了趣味感，展现了青春、俏皮与活力

服装设计——将图案作为服装中的主体进行设计，在生活装中体现传统图案的魅力与特色

图5-20 《团花素锦》服装应用作品（作者：张玉洁）

案例11:《传承》服装应用作品(作者:刘晓娇,图5-21)

图案设计1,灵感来源于凤翔木版年画,将其中童子的形象提取后进行二次设计,注重形态的大小、方向变化与排列,对色彩研习,以褐色为主色调,显示出传统文化的古拙质朴

图案设计2，灵感来源于周代的兽面纹，对此提取线条，整体效果神似二维码，现代时尚，在配色上运用青铜器本身的色调，通过调整明度、纯度体现了层次丰富的色彩空间

图5-21

服装设计——将图案大面积运用于服装中，使服装语言与图案相互融合，增强了中式服装的设计内涵

图5-21 《传承》服装应用作品（作者：刘晓娇）